マーケティングで使う多変量解析がわかる本

市場予測・顧客分析・コンセプト開発・
価格決定・販促計画等のための分析技術

酒井　隆
酒井　恵都子

日本能率協会マネジメントセンター

はじめに

　情報化社会においては、大量かつ複雑な情報をスピーディーに分析することが求められています。そのため、多変量解析の活用場面が増え、統計解析の手法や統計ソフトウェアも進化しています。

　その一方、社会が多元化するにつれ、マーケティング問題やリサーチ課題も多様かつ複雑となり、どう解決すればよいかといった知識と、多様な解析手法をどう使い分ければよいかといった知識を併せ持つ人材の必要性が高まっています。

　リサーチ課題の解決のためには、マーケティングリサーチと統計学の基礎知識が欠かせないのですが、統計ソフトウェアの操作マニュアルだけで計算結果が出るため、間違った判断を招いているケースを見かけるのは残念なことです。

　本書では、各種の解析手法の使い方に加え、手法ごとにリサーチ課題の具体例をあげてデータの作り方から解析手順、結果の解釈例までを解説しています。また、わかりやすい報告書づくりに役立つよう、手法ごとに用語解説も行っています。

　多変量解析の手法を正しく使い分けるには、手法の習得だけではなく、洞察力、推理力、データを丁寧に分析する根気強さに加え、解析結果を社会全般と照らし合わせて妥当性をチェックできる幅広い知識なども求められます。

　マーケティングに関心を持つ方々が、多変量解析の使い方を理解し、様々な課題解決に活用されることを願います。

2007年1月

酒井隆・酒井恵都子

目次

第1章 多変量解析とは

1 解析方法の種類………13
 （1）1変量解析──全体の傾向を把握する単純集計………13
 （2）2変量解析──対象者特性の違いを把握するクロス集計など………14
 （3）多変量解析──3変量以上の関係の解析………16

2 多変量解析は3種類に分けられる………18
 （1）基準変数解析………19
 （2）相互依存変数解析………20
 （3）新たに開発された解析………21

3 多変量解析はこんな場面に活用できる………24
 （1）活用分野………24
 （2）マーケティングでの活用例………25
 （3）メーカーと小売業のマーケティングテーマと
   多変量解析の活用例………34

4 多変量解析は目的別に使い分ける………36
 （1）手法の選択は解析目的に応じて行う………36
 （2）手法の適用は試行錯誤を伴う………37

■Column　データを見抜く力………38

第2章 解析データの基礎知識

1 多変量解析で用いるデータの条件………41
 （1）データのフォーマットとサイズ………41
 （2）データの性質………44

2 統計データの種類と尺度………45
 （1）定性的データ（質的データ）………45
 （2）定量的データ（量的データ）………46

3 観測時点でデータを分類する………48
 （1）時系列データ………48
 （2）クロスセクションデータ………49

- **4 データチェックのポイント**……… 50
  - （1）基本的点検……… 50
  - （2）論理的ミスなどの点検……… 50
- **5 データの誤差・バイアスに注意する**……… 51
- **6 まず基本統計でデータを俯瞰する**……… 53
  - （1）1変量解析……… 53
  - （2）2変量解析……… 54
  - （3）グラフ……… 54
- **7 データ変換による解析も検討する**……… 56
  - （1）データ変換の目的……… 56
  - （2）簡単なデータ変換の例……… 56
  - （3）データの範囲を変える変換……… 57
  - （4）分布のなかでの相対的な位置を示すデータ変換……… 58

第3章 重回帰分析

- **1 重回帰分析とは**……… 63
  - （1）予測や関連性の説明などに使われる手法……… 63
  - （2）重回帰分析に出てくる統計用語……… 63
- **2 アウトプットの導き方**……… 66
  - （1）解析の手順……… 66
  - （2）アウトプットまでの手順……… 66
- **3 結果の解釈の仕方**……… 73

第4章 数量化Ⅰ類

- **1 数量化Ⅰ類とは**……… 77
  - （1）カテゴリーデータにもとづいて予測する手法……… 77
  - （2）数量化Ⅰ類に出てくる統計用語……… 78
- **2 アウトプットの導き方**……… 80
  - （1）解析の手順……… 80
  - （2）アウトプットまでの手順……… 80
- **3 結果の解釈の仕方**……… 83

第5章 プロビット分析

1. プロビット分析とは………89
    - （1）0〜1の比率を予測する手法………89
    - （2）プロビット分析に出てくる統計用語………90
2. アウトプットの導き方………92
    - （1）解析の手順………92
    - （2）アウトプットまでの手順………92
3. 結果の解釈の仕方………97

第6章 コンジョイント分析

1. コンジョイント分析とは………101
    - （1）多数の要因の組合せ効果を効率的に予測する手法………101
    - （2）コンジョイント分析に出てくる統計用語………103
2. アウトプットの導き方………105
    - （1）解析の手順………105
    - （2）アウトプットまでの手順………105
3. 結果の解釈の仕方………111

第7章 判別分析

1. 判別分析とは………117
    - （1）境界線を求め、所属グループを予測する手法………117
    - （2）判別分析に出てくる統計用語………118
2. アウトプットの導き方………121
    - （1）解析の手順………121
    - （2）アウトプットまでの手順………121
3. 結果の解釈の仕方………128

第8章 数量化Ⅱ類

1 数量化Ⅱ類とは………133
　（1）カテゴリーデータを用いてグループの境界線を求める手法………133
　（2）数量化Ⅱ類に出てくる統計用語………135
2 アウトプットの導き方………137
　（1）解析の手順………137
　（2）アウトプットまでの手順………137
3 結果の解釈の仕方………140

第9章 ロジスティック回帰分析

1 ロジスティック回帰分析とは………143
　（1）グループを判別する境界線を曲線式で求める手法………143
　（2）ロジスティック回帰分析に出てくる統計用語………144
2 アウトプットの導き方………148
　（1）解析の手順………148
　（2）アウトプットまでの手順………148
3 結果の解釈の仕方………154
■Column　ロジスティックは"物流"とは違う………156

第10章 因子分析

1 因子分析とは………159
　（1）潜在ニーズや商品イメージなどの探索に有効な手法………159
　（2）因子分析の用途の例………160
　（3）因子分析に必要なデータの例………160
　（4）因子分析のモデル………160
　（5）因子分析に出てくる統計用語………161
2 アウトプットの導き方………165
　（1）解析の手順………165
　（2）アウトプットまでの手順………166
3 結果の解釈の仕方………171
4 高次因子分析の行い方………174

第11章 数量化Ⅲ類

1 数量化Ⅲ類とは………179
　（1）カテゴリーデータをもとにパターン分析する手法………179
　（2）数量化Ⅲ類に出てくる統計用語………180
2 アウトプットの導き方………182
　（1）解析の手順………182
　（2）アウトプットまでの手順………182
3 結果の解釈の仕方………184

第12章 コレスポンデンス分析

1 コレスポンデンス分析とは………189
　（1）クロス表をもとに2変量の関係をマッピングする手法………189
　（2）コレスポンデンス分析に出てくる統計用語………189
2 アウトプットの導き方………190
　（1）解析の手順………190
　（2）アウトプットまでの手順………190
3 結果の解釈と追加分析………192
■Column　因子分析と主成分分析の注意点………198

第13章 クラスター分析

1 クラスター分析とは………201
　（1）似たもの同士を集めてグループに分類する手法………201
　（2）クラスター分析に出てくる統計用語………205
2 アウトプットの導き方………207
　（1）解析の手順………207
　（2）アウトプットまでの手順………207
3 結果の解釈の仕方………212
■Column　統計解析に役立つウェブサイト………216

第14章 多次元尺度法

1 多次元尺度法とは………219
　（1）類似度をもとに多次元空間に布置する手法………219
　（2）類似度を把握するための質問例………221
　（3）多次元尺度法に出てくる統計用語………223
2 アウトプットの導き方………224
　（1）解析の手順………224
　（2）アウトプットまでの手順………224
3 結果の解釈の仕方………227

第15章 パス解析と共分散構造分析

1 共分散構造分析とは………231
　（1）潜在変数と観測変数の因果関係をモデル化する手法………231
　（2）共分散構造分析に出てくる統計用語………238
2 アウトプットの導き方………240
　（1）解析の手順………240
　（2）アウトプットまでの手順………240
3 結果の解釈の仕方………243
■Column　予測モデルの落し穴………244

第16章 AHP（階層化意思決定分析法）

1 AHPとは………247
　（1）多種多様な評価項目の重要度を求める手法………247
　（2）AHPで分析するための一対比較質問の回答様式………249
　（3）AHPのウェイトの求め方………250
　（4）AHPのウェイトの計算方法………251
2 アウトプットの導き方………253
　（1）解析の手順………253
　（2）アウトプットまでの手順………253
3 結果の解釈の仕方………258

参考情報………260

索引………266

第1章

多変量解析とは

多変量解析には、変数間の因果関係を調べるための解析と、整理・分類するための解析があるんだ。
社会が複雑になるほど多変量解析の重要性が増すというわけだね。

1 解析方法の種類

アンケート調査などの調査データの解析方法は、3つに分類できます。
① 全体の傾向を把握する単純集計＝1変量解析
② 対象者特性別の違いや経過年別の傾向など、2変量間の関係を把握するクロス集計や相関分析など＝2変量解析
③ 3変量以上の関係の解析＝多変量解析

（1） 1変量解析——全体の傾向を把握する単純集計

性別や年齢、賛否など個々の調査項目を1つの変量（変数）として扱います。
性別、年齢、賛否などを単純集計した例を以下に示します。

◆ 単純集計表の例

●性別

	標本数	男性	女性	無回答
全体	100.0%	42.0%	57.6%	0.4%
	1,216	511	700	5

単純集計は、解析の基本の基本！

●年齢

	標本数	10代	20代	30代	40代	50代	60代以上	無回答
全体	100.0%	6.5%	19.1%	22.1%	16.5%	18.9%	16.4%	0.5%
	1,216	79	232	269	201	230	199	6

●賛否

	標本数	賛成(2点)	どちらかといえば賛成(1点)	どちらともいえない(0点)	どちらかといえば反対(-1点)	反対(-2点)	無回答	平均得点
全体	100.0%	20.3%	29.5%	16.6%	16.2%	16.3%	1.1%	0.2
	1,216	247	359	202	197	198	13	

変量（変数）：調査項目の性質を数値で表したもの。
母数：集計表の構成比の分母とする値。
頻数：表頭項目の該当数で、度数、頻度数ともいう。

(2) 2変量解析──対象者特性の違いを把握するクロス集計など

　2変量間の関連を調べるため、ある変量のカテゴリー別に他の変量のカテゴリー度数を数えたり、平均を算出することを「**クロス集計**」といいます。

　クロス集計によって、性・年齢別の好き嫌いの程度や平均評価得点を比較するなど、対象者特性の違いを調べることができます。

　2変量解析では、年収と購入額、年齢と使用量など、2種類の数量データをクロス集計、散布図、相関や関数式などで表して、変数間の関係を調べたりします。また、各種の仮説検定も2変量解析に含みます。

> クロス集計で2つの変数間の関係がよくわかる！
> 2変量解析は、クロス集計の結果の示し方がポイントだね！

カテゴリー：性別であれば「男と女」、年齢であれば「10歳代、20歳代、…、50歳代」などと区別・分類したもの。
散布図：2つの数値データ間の相関関係を点の分布で表すもの。55ページ参照。

◆2変量解析の例

●クロス集計表の例
性別評価

	標本数	好き (2点)	どちらかといえば好き (1点)	どちらともいえない (0点)	どちらかといえば嫌い (-1点)	嫌い (-2点)	無回答	平均得点
全体	100.0%	9.3%	40.5%	13.7%	21.2%	13.1%	2.2%	0.1
	1216	113	493	166	258	159	27	
男性	100.0%	11.2%	48.3%	11.9%	17.8%	8.6%	2.2%	0.4
	511	57	247	61	91	44	11	
女性	100.0%	8.0%	34.9%	14.9%	23.7%	16.3%	2.2%	-0.1
	705	56	246	105	167	115	16	

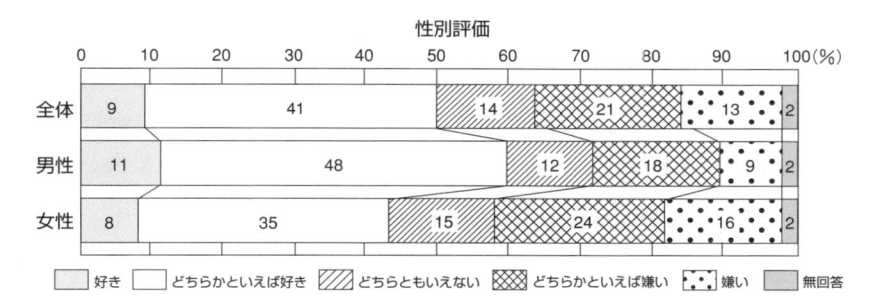

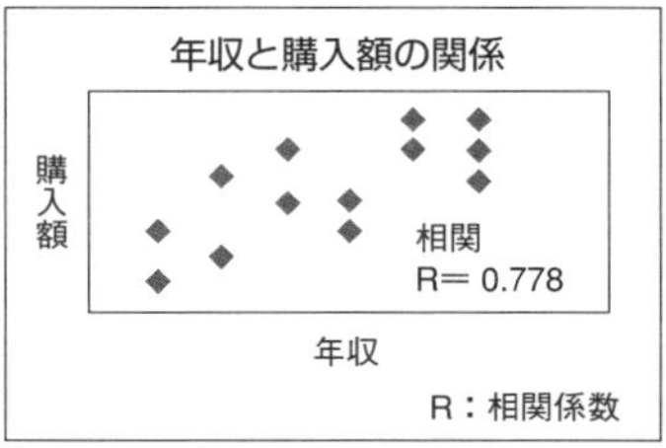

性別評価

	好き	どちらかといえば好き	どちらともいえない	どちらかといえば嫌い	嫌い	無回答
全体	9	41	14	21	13	2
男性	11	48	12	18	9	2
女性	8	35	15	24	16	2

●散布図の例

年収と購入額の関係

相関 R= 0.778

R：相関係数

●相関と関数式の例

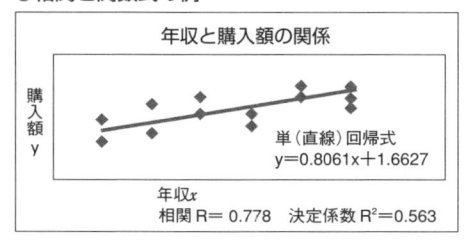

年収と購入額の関係

単(直線)回帰式
$y = 0.8061x + 1.6627$

年収 x

相関 R= 0.778　決定係数 R^2 = 0.563

相関係数：2つの変数の相関関係を数値で示すもの。54ページ参照。
決定係数：相関係数の2乗。64ページ参照。

(3) 多変量解析──3変量以上の関係の解析

多変量解析は、多数の変数間の関係を関数式で表す解析技法の総称です。関数式やその計算結果を解釈、図化することで、複雑なマーケティング要因間の因果関係を説明したり、分類・整理して単純化することができます。

代表的な多変量解析の例を簡潔に説明してみましょう。

●重回帰分析

因果関係の有無を判断し、売上や満足度など知りたい数値（**目的変数**といいます）に影響を及ぼす諸要因（**説明変数**といいます）の影響力を評価するには「**重回帰分析**」を用います。

例えば、アンケート調査で、レストランの外観、内装、接客態度、料理の品揃え、味、盛付け、価格などの個別評価と総合満足度を把握しているとします。このようなデータがあれば、個別評価が総合満足度にどの程度影響しているかが分析できます。分析結果をもとに、改善すべき要因の優先度が判明し、ある要因をどの程度改善すれば総合満足度が何ポイント向上するかが予測できます。

●判別分析

競合相手と自社の顧客の違いを説明し、競合相手の顧客を奪う戦略を検討するには「**判別分析**」を用います。

判別分析では、自社と競合相手を識別する要因は何か、そして各々の要因の重みが解析できます。

区別したいグループ間の違いは、グループ別に性別年齢などの個人特性、所有製品、購入・使用実態、嗜好やライフスタイルなどをクロス集計すれば把握することができます。しかし、どの要因がどの程度効果があるかを把握するには、判別分析を使う必要があります。

また、競合相手の顧客なのに自社顧客と誤って判定された人の属性を調べることにより、競合相手から自社顧客にスイッチさせる要因を調べることができます。

複雑なマーケティング要因を理解するには、似たものを集め整理整頓するという「**単純化**」を行う解析が必要になります。

● **因子分析**

「**因子分析**」では、企業やブランドのイメージ、ライフスタイルなどを表す多数の意見への賛否データをもとに、例えば、7つ前後の誰もが持っている共通の心理的要因（**因子**といいます）に整理・分類することができます。因子分析では、個人が共通因子をどの程度持っているかを計算することができます。これを**因子得点**といいます。

● **クラスター分析**

「**クラスター分析**」では、似た人を集めることができます。マーケティングでいうところのマーケットセグメンテーション（市場細分化）に活用できます。例えば、因子分析で計算した個人の因子得点を利用して回答者をグルーピングし、グループ別にクロス集計してネーミングすることで、グループ特性が理解しやすくなります。

多変量解析の数学的な仕組みを完全に理解するのは困難ですが、解析ソフトウェアが普及し、計算は誰でもできます。とはいえ、多変量解析では試行錯誤をしながら最も妥当な結果を探ってゆく手順が必要です。解析目的に適した技法の選択、最終的に採用する結果の選択、結果の解釈とネーミングなどには、分析者の知見、センスが求められます。

多様な解析技法を実務に活用するには、数学的知識だけでなく、マーケティングや社会経済全般に関わる知恵を磨くことが必要だといえます。

2 多変量解析は3種類に分けられる

多変量解析は、解析の目的に応じて、**基準変数解析**、**相互依存変数解析**と、その他の**新たに開発された解析**の3種類に分けられます。

基準変数解析は、変数間の関連を原因と結果として解析する手法、相互依存変数解析は、変数間の関連性、関係、構造などを、変数の分類や統合によって解析する手法です。これらの手法は、解析に用いる変数のタイプ

◆ 多変量解析手法の種類と特徴

解析手法の分類名 解析の目的	目的変数（非説明変数、従属変数、外的基準）の有無	目的変数のデータタイプ	説明変数（独立変数）のデータタイプ	代表的な多変量解析の例
〈基準変数解析〉 ①ある項目を、複数の要因で予測、説明、判断したい（複数の原因によって引き起こされた結果を数式で表したい）	あり	定量的データ（量的データ）	定量的データ	重回帰分析 プロビット分析
			定性的データ	数量化Ⅰ類 コンジョイント分析
		定性的データ（質的データ）	定量的データ	判別分析 ロジスティック回帰分析
			定性的データ	数量化Ⅱ類
〈相互依存変数解析〉 ②似たものどうしをまとめたい ③変数間の関連性を図示したい ④変数間の関係を要約したい ⑤項目間の相関関係を説明する潜在的構造を知りたい	なし	—	定量的データ	因子分析 クラスター分析
			定性的データ	数量化Ⅲ類 コレスポンデンス分析 多次元尺度法

新たに開発された方法の例	潜在変数を組み込んだ因果関係解析モデル	共分散構造分析
	複数候補案の一対比較による評価モデル	AHP（階層化意思決定分析法）
	品質管理やデータマイニング	生存分析、マーケットバスケット分析、決定木、記憶ベース推論、ニューラルネットワーク

などによっても、様々に分類されます。そして、その用途は、需要予測、コンセプトの選定、価格や販売促進策の検討、セグメンテーションなど様々です。

なお、多変量解析で用いる統計データは、「定性的データ」と「定量的データ」の2種類に分けることができます（45ページ参照）。

(1) 基準変数解析

基準変数解析とは、「ある項目を複数の要因で予測・説明・判別したい」、または「複数の原因によって引き起こされた結果を数式で表したい」といった場合に用います。

数式で表現すると、左辺が**目的変数**（**被説明変数、従属変数、外的基準**ともいいます）、右辺が複数の**説明変数**（**独立変数**ともいいます）となります。例えば、目的変数は特定ブランドの購入の有無、説明変数は年齢や収入などです。

◆ 基準変数の式（目的変数は説明変数の関数）

$$目的変数 = f(説明変数)$$

例えば
〈予測や関連性の説明〉
　　満足度＝a_1性能評価点＋a_2使用年数＋b　　満足度は性能評価点が高く使用年数が長い
　　a_1とa_2は傾き、bは切片　　　　　　　　　ほど高いなど。

〈判別＝所属グループの予測〉
　　満足の有無＝z_1性能評価点＋z_2使用年数＋z_0＝0　　満足グループは、性能評価が高く、
　　z_1とz_2は傾き、z_0は切片　　　　　　　　　　　　使用年数が長い。満足していない
　　　　　　　　　　　　　　　　　　　　　　　　　　　　グループは性能評価が低く使用年
　　　　　　　　　　　　　　　　　　　　　　　　　　　　数が短いなど。

目的変数：基準変数のモデル式において例えば、y＝ax＋bの時、予測・説明したいyを目的変数という。
説明変数：xの値によってyの値が変動すると考える。すなわち、xはyの変動を説明することから、説明変数という。

基準変数解析は、目的変数と説明変数のデータのタイプが、定量的（量的）データか定性的（質的）データかで、4つに分かれます。

　大雑把にいうと、目的変数が定量的データの場合は予測や関連性の説明問題、目的変数が定性的データの場合は所属グループの予測、すなわち判別問題を扱う多変量解析です。

◆ **基準変数解析は4種類**（目的変数と説明変数の組合せ）

	目的変数のデータタイプ	説明変数のデータタイプ
1	定量的データ	定量的データ
2	定量的データ	定性的データ
3	定性的データ	定量的データ
4	定性的データ	定性的データ

(2) 相互依存変数解析

　相互依存変数解析は、目的変数がなく説明変数のみです。

　大雑把にいうと、変数またはサンプルの分類問題、変数のマッピング問題を扱う多変量解析です。「似たものどうしをまとめたい、集めたい」「変数間の関連性を図示したい」「変数間の関係を要約したい」「項目間の相関関係を説明する潜在的構造を知りたい」といった場合に用いられます。

　例えば、顧客を購入状況に加え、心理的な要因でセグメントすることで、より顧客を理解したい場合や、顧客の心理やライフスタイルの構造を明らかにしたい場合、顧客の施設内での動線データをもとに顧客を分類したい場合などに使用する解析手法です。

　相互依存変数解析は、原因を探るために潜在的な構造を調べる場合と変数間の関連を調べて図化したい場合の2つに分けることができます。

◆ **相互依存変数解析は2種類**

変数間の
- ●類似度指標（近ければ近いほど大きな値、例えば相関関係）
- ●非類似指標（遠ければ遠いほど大きな値、例えば距離）

項目間の相関関係を説明する潜在的な構造を知りたい

- 似たものどうしをまとめたい、集めたい
- 変数間の関連性を図示したい
- 変数間の関係を要約したい

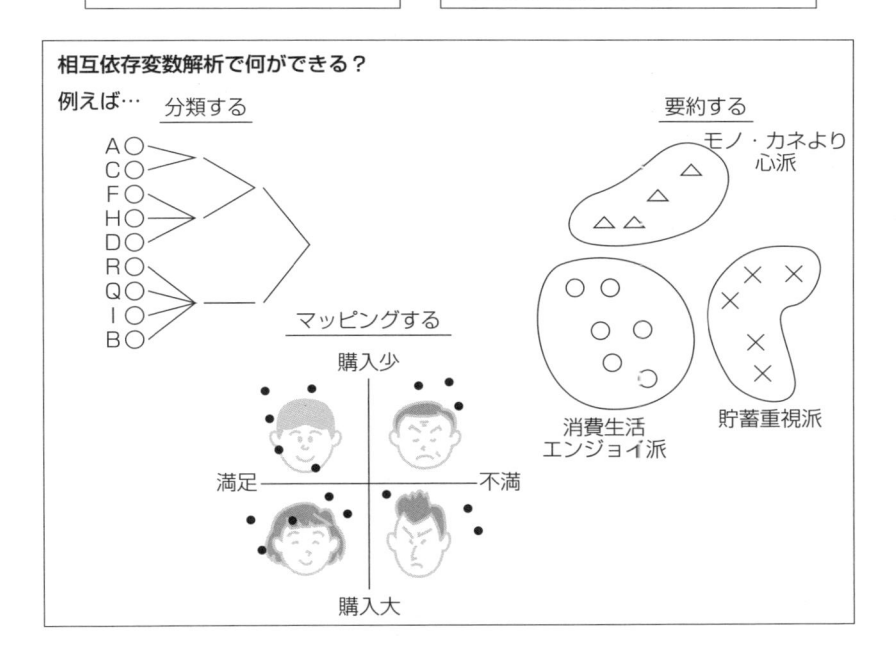

相互依存変数解析で何ができる？

例えば…　分類する　　　　　　　　要約する

モノ・カネより心派

消費生活エンジョイ派　　貯蓄重視派

マッピングする
購入少　満足　不満　購入大

（3）新たに開発された解析*

　潜在変数（直接観測できない変数）を用いた複雑な因果関係をモデル化する「**共分散構造分析**」や評価項目のウェイトを算定する「**AHP**」、寿命データを解析する「**生存分析**」、データマイニングで用いられる「**マーケットバスケット分析**」などがあります。

* 新たに開発された解析の概要については、拙著『図解ビジネス実務事典　統計解析』（日本能率協会マネジメントセンター刊）多変量解析、データマイニング　参照

第1章◎多変量解析とは

◆ 多変量解析の目的別選定フロー

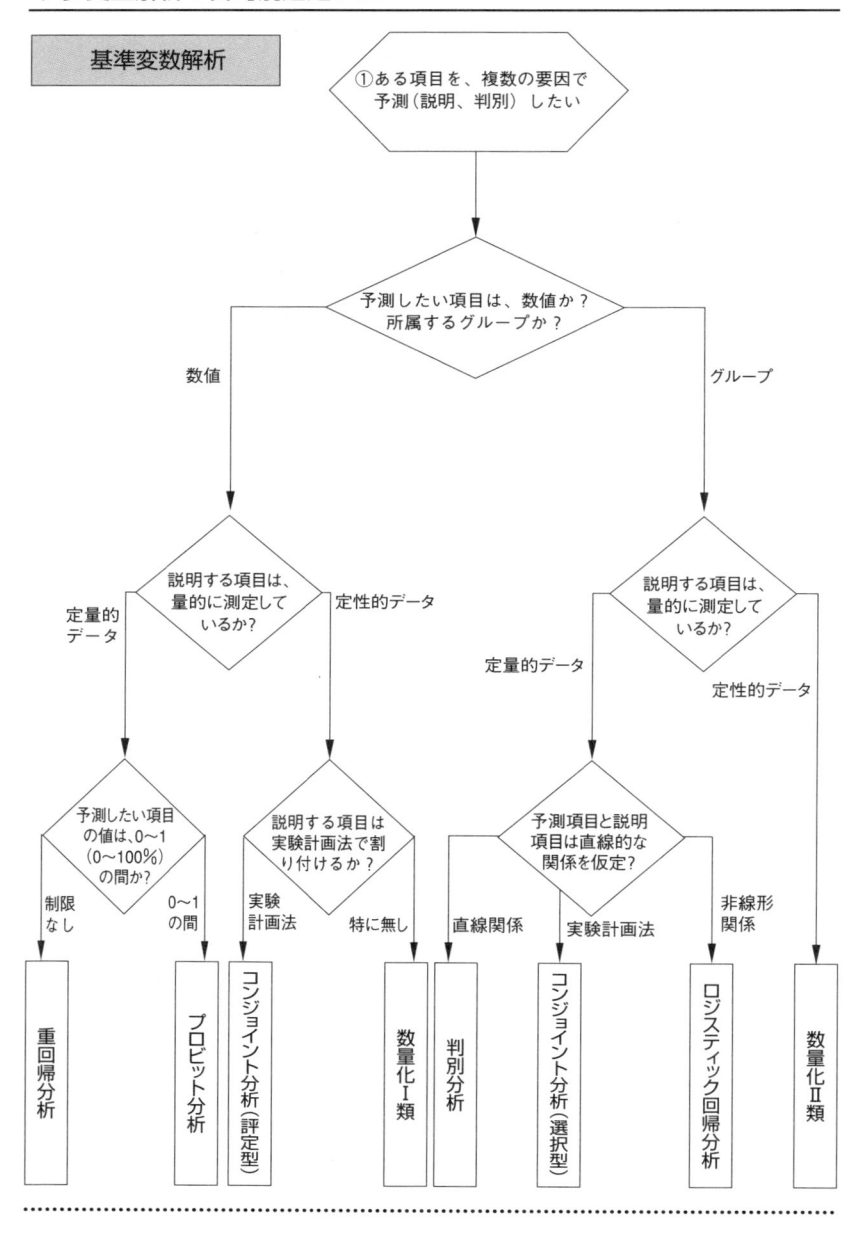

基準変数解析

①ある項目を、複数の要因で予測（説明、判別）したい

↓

予測したい項目は、数値か？所属するグループか？

- 数値 →
- グループ →

[数値側]

説明する項目は、量的に測定しているか？
- 定量的データ
- 定性的データ

[定量的データ]

予測したい項目の値は、0～1（0～100%）の間か？
- 制限なし → **重回帰分析**
- 0～1の間 → **プロビット分析**

[定性的データ]

説明する項目は実験計画法で割り付けるか？
- 実験計画法 → **コンジョイント分析（評定型）**
- 特に無し → **数量化Ⅰ類**

[グループ側]

→ **判別分析**

説明する項目は、量的に測定しているか？
- 定量的データ
- 定性的データ → **数量化Ⅱ類**

[定量的データ]

予測項目と説明項目は直線的な関係を仮定？
- 直線関係 → （実験計画法 → **コンジョイント分析（選択型）**）
- 非線形関係 → **ロジスティック回帰分析**

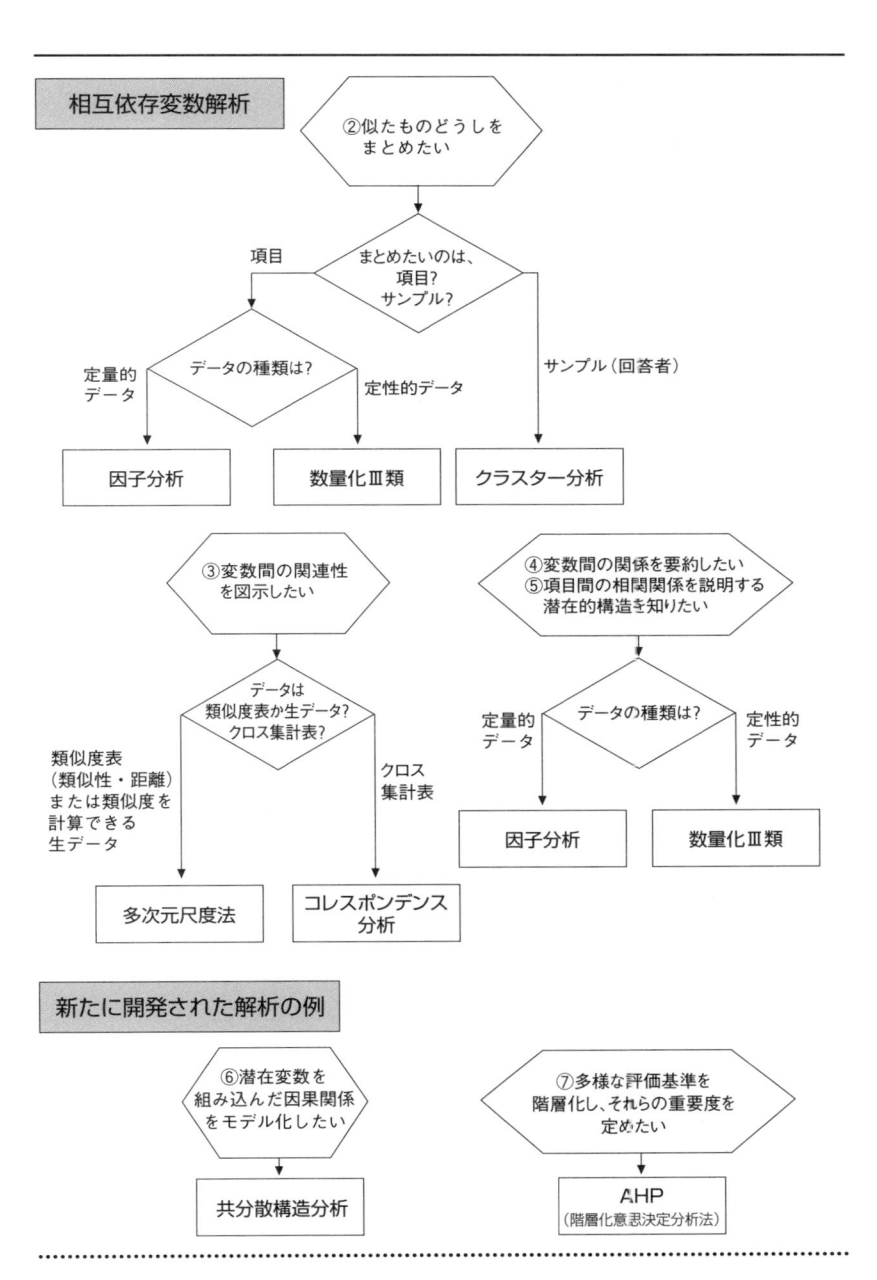

相互依存変数解析

②似たものどうしをまとめたい

まとめたいのは、項目？サンプル？

- 項目 → データの種類は？
  - 定量的データ → **因子分析**
  - 定性的データ → **数量化Ⅲ類**
- サンプル（回答者） → **クラスター分析**

③変数間の関連性を図示したい

データは類似度表か生データ？クロス集計表？

- 類似度表（類似性・距離）または類似度を計算できる生データ → **多次元尺度法**
- クロス集計表 → **コレスポンデンス分析**

④変数間の関係を要約したい
⑤項目間の相関関係を説明する潜在的構造を知りたい

データの種類は？

- 定量的データ → **因子分析**
- 定性的データ → **数量化Ⅲ類**

新たに開発された解析の例

⑥潜在変数を組み込んだ因果関係をモデル化したい → **共分散構造分析**

⑦多様な評価基準を階層化し、それらの重要度を定めたい → **AHP**（階層化意思決定分析法）

第1章 ◎多変量解析とは

23

3 多変量解析はこんな場面に活用できる

(1) 活用分野

多変量解析は、いろいろな分野で使われています。例えば、次のような分野です。

多変量解析の適用分野の例

心理学	嘘発見器の感度、友人とのつきあい方、価値観、自己評定、類似性知覚、入試データの分析、受験生のパターン分析
経済・経営	消費者のブランド選択、新製品開発、株式投資モデル、企業評価モデル
政治・社会	住民の投票行動、社会発展過程の動態モデル、政治意識と投票行動
生物・農学	DNAデータの解析、植物の形状に関する評価、リモートセンシングデータの解析
医学	健康と性格の解析、生活習慣と疾患のリスク解析、アレルギー疾患に関する意識
家政	食物摂取と地域の関係、食物消費行動、履物と民族の類型化、服装と場の適合度
工学	画像処理、通信分野、材料、経路選択、景観評価、走行快適性評価
スポーツ	体型比較、体力構造、運動イメージ、運動特性、健康に関する意識
言語	著者の特徴分析、文献の真偽判定、語学の学習過程、意味構造の分析

多変量解析を行うと、複雑なデータ間の関連性（因果関係や相関関係）がわかるようになります。関連性を明確にするには、的確なデータ（正しい調査方法、的を射た調査対象など）でなければなりません。

....

リモートセンシング：人工衛星や飛行機などを利用して、植物分布などを遠隔操作で調べること。

(2) マーケティングでの活用例

多変量解析には様々な技法があり、様々な用途が考えられます。

マーケティング分野を例に、多変量解析の利用目的として、どのような課題にどのような技法が適応するかについて、以下に例をあげてみました。

ただし、用途と技法の適合は、試行錯誤を経て判断してゆくプロセスが必要な場合もあり、唯一絶対的なものではありません。

①基準変数解析の技法とマーケティング課題との適応例

- ●データ間の因果関係を調べたい
- ●色々なデータからある値を予測したい

◆ 市場性の検討

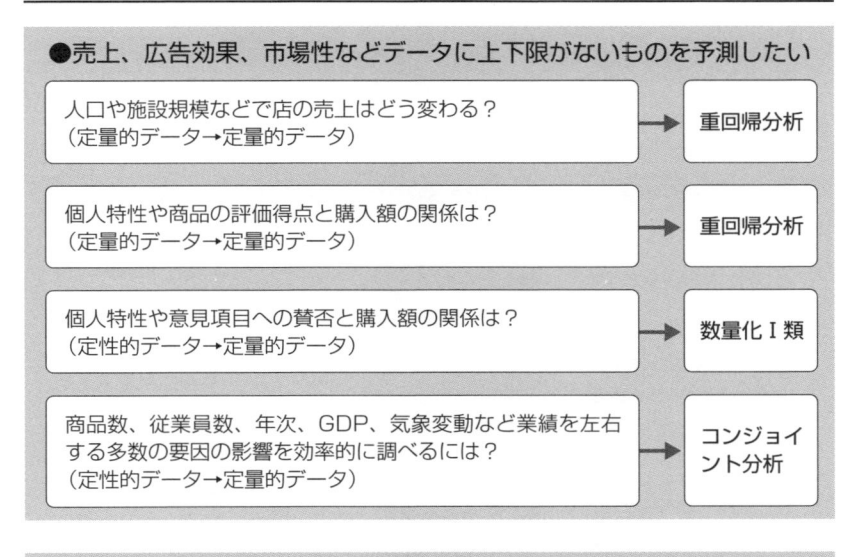

●売上、広告効果、市場性などデータに上下限がないものを予測したい

課題	技法
人口や施設規模などで店の売上はどう変わる？ （定量的データ→定量的データ）	重回帰分析
個人特性や商品の評価得点と購入額の関係は？ （定量的データ→定量的データ）	重回帰分析
個人特性や意見項目への賛否と購入額の関係は？ （定性的データ→定量的データ）	数量化Ⅰ類
商品数、従業員数、年次、GDP、気象変動など業績を左右する多数の要因の影響を効率的に調べるには？ （定性的データ→定量的データ）	コンジョイント分析

●購入確率など予測値が100％超えないものを予測したい

課題	技法
個人特性や商品特性別評価得点と購入確率の関係は？ （定量的データ→定量的データ）	プロビット分析

◆ 顧客満足の把握

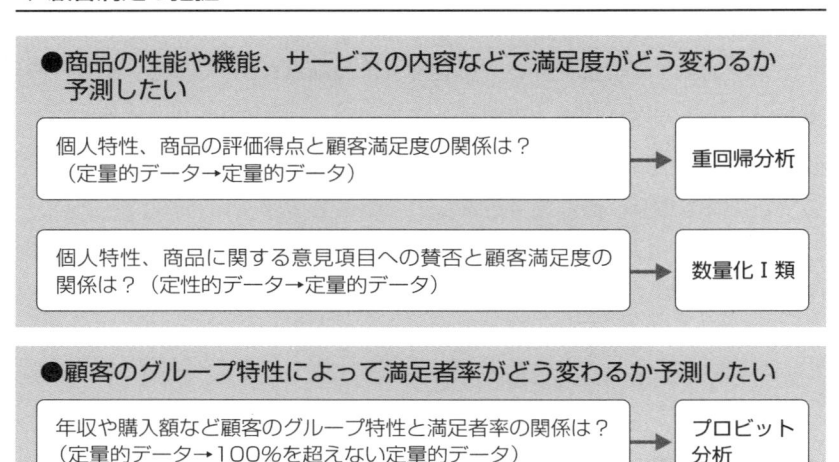

●商品の性能や機能、サービスの内容などで満足度がどう変わるか予測したい

| 個人特性、商品の評価得点と顧客満足度の関係は？（定量的データ→定量的データ） | → | 重回帰分析 |

| 個人特性、商品に関する意見項目への賛否と顧客満足度の関係は？（定性的データ→定量的データ） | → | 数量化Ⅰ類 |

●顧客のグループ特性によって満足者率がどう変わるか予測したい

| 年収や購入額など顧客のグループ特性と満足者率の関係は？（定量的データ→100%を超えない定量的データ） | → | プロビット分析 |

◆ 新製品コンセプトの選定

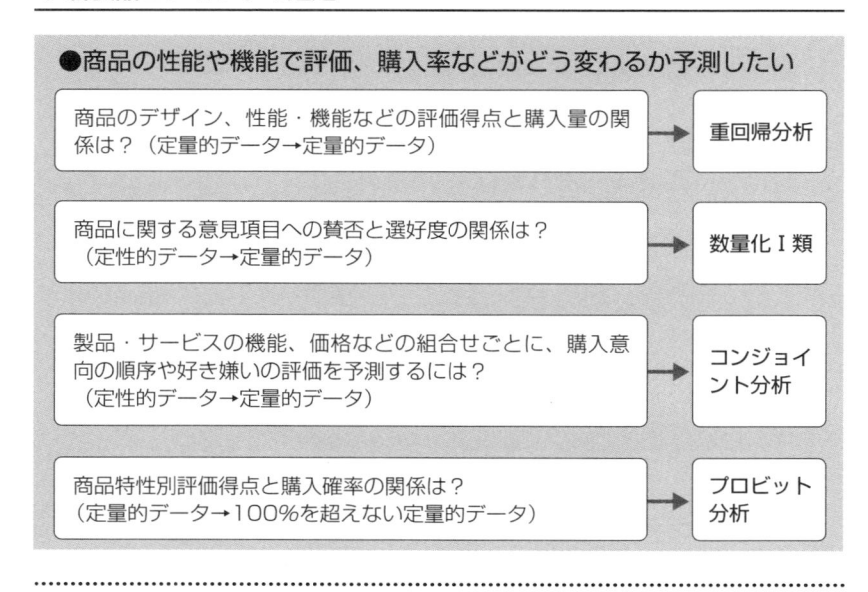

●商品の性能や機能で評価、購入率などがどう変わるか予測したい

| 商品のデザイン、性能・機能などの評価得点と購入量の関係は？（定量的データ→定量的データ） | → | 重回帰分析 |

| 商品に関する意見項目への賛否と選好度の関係は？（定性的データ→定量的データ） | → | 数量化Ⅰ類 |

| 製品・サービスの機能、価格などの組合せごとに、購入意向の順序や好き嫌いの評価を予測するには？（定性的データ→定量的データ） | → | コンジョイント分析 |

| 商品特性別評価得点と購入確率の関係は？（定量的データ→100%を超えない定量的データ） | → | プロビット分析 |

◆ 販売価格の検討

●値下げによって販売量や売上がどう変わるか、性能・機能によって購入希望価格がどう変わるかなどを調べたい

| 販売価格帯別販売量（額）と売上の関係は？
（定量的データ→定量的データ） | → | 重回帰分析 |

| 販売価格帯別購入意向と販売量（額）の関係は？
（定性的データ→定量的データ） | → | 数量化Ⅰ類 |

| デザインや機能を組み合わせたときの、購入希望価格への影響を効率的に調べるには？
（定性的データ→定量的データ） | → | コンジョイント分析 |

◆ 販売促進策の検討

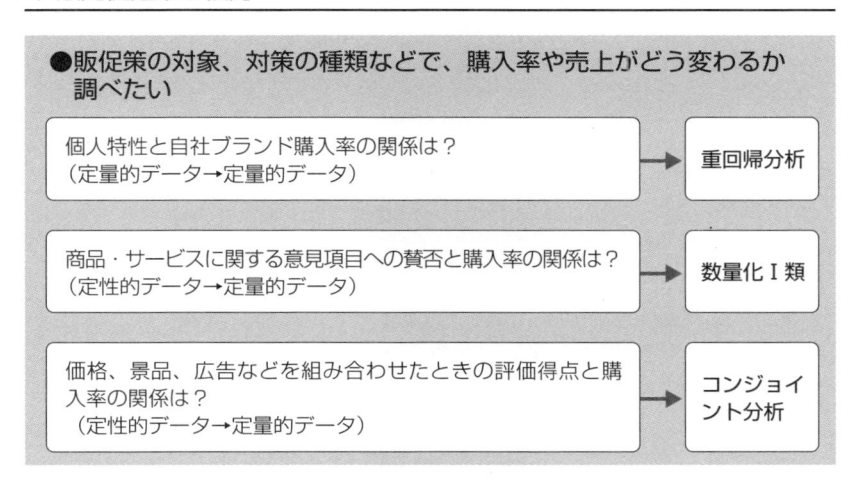

●販促策の対象、対策の種類などで、購入率や売上がどう変わるか調べたい

| 個人特性と自社ブランド購入率の関係は？
（定量的データ→定量的データ） | → | 重回帰分析 |

| 商品・サービスに関する意見項目への賛否と購入率の関係は？
（定性的データ→定量的データ） | → | 数量化Ⅰ類 |

| 価格、景品、広告などを組み合わせたときの評価得点と購入率の関係は？
（定性的データ→定量的データ） | → | コンジョイント分析 |

◆ 広告計画の検討

●広告回数、内容、媒体の種類などで、注目率がどう変わるか調べたい

| 広告回数、広告量などで広告注目率はどう変わる？
（定量的データ→定量的データ） | → | 重回帰分析 |

| 広告ターゲットの属性、よく見る広告媒体などで注目率はどう変わる？（定性的データ→定量的データ） | → | 数量化Ⅰ類 |

●グループの違いを説明・予測したい
- マーケットセグメンテーション・顧客の分類
- 販売促進策のターゲットの選定・検討
- 広告ターゲットの選定・検討

…個人特性やライフスタイル特性をもとに顧客を分類し、マーケットセグメンテーション、販促策ターゲット選定、広告計画検討に活用したい

| ユーザーのブランド選択や購入量の大小などを区分するのは、どんな個人特性やライフスタイルか？
（定量的データ→直線関係による区分） | → | 判別分析 |

| ユーザーのブランド選択や購入量の大小などのグループを区分するのは、どんな個人特性やライフスタイルか？
（定性的データ→グループの種類の区分） | → | 数量化Ⅱ類 |

| ユーザーのブランド選択や購入量の大小などを区分する確率と、個人特性や意見項目への賛否の関係は？
（定性的データ→非線形関係による区分） | → | ロジスティック回帰分析 |

直接関係による区分：1次式（$y = ax + b$）で直線的に解を求める。
非線形関係による区分：曲線式で解を求める。

②相互依存変数解析の技法とマーケティング課題との適応例

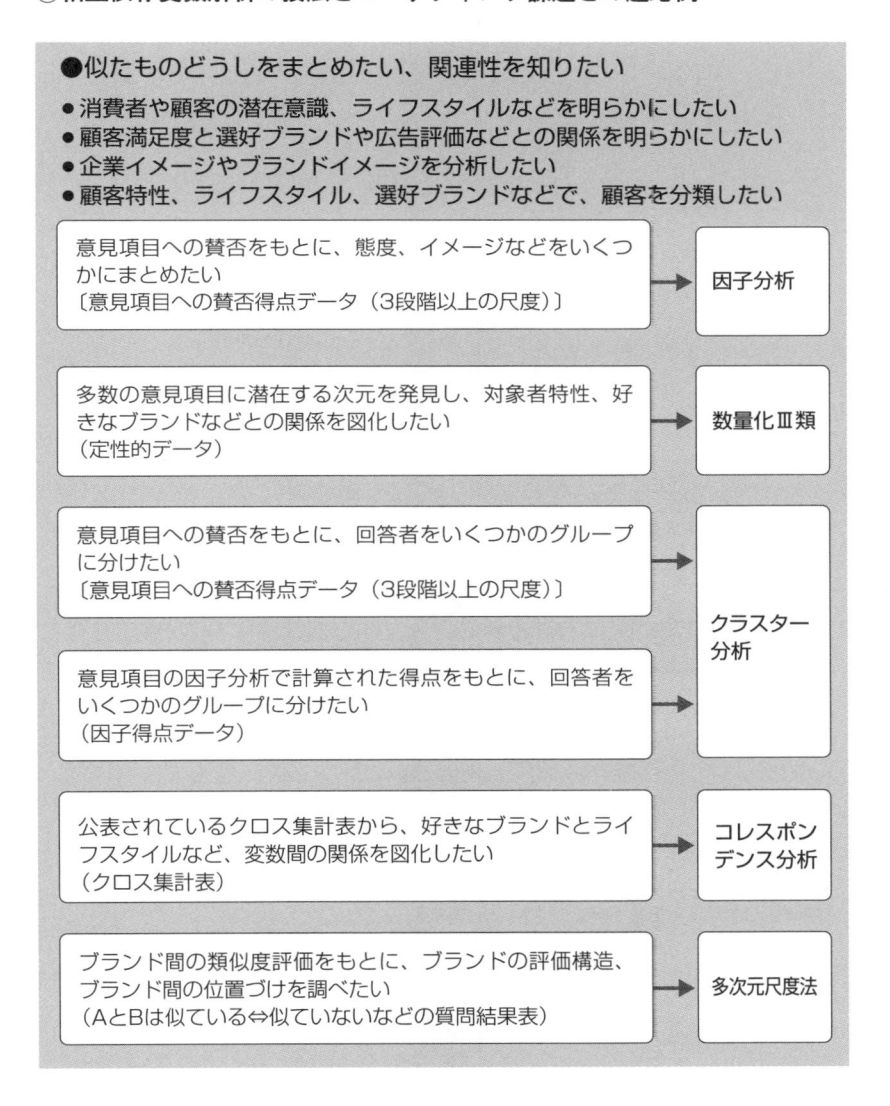

●**似たものどうしをまとめたい、関連性を知りたい**
- 消費者や顧客の潜在意識、ライフスタイルなどを明らかにしたい
- 顧客満足度と選好ブランドや広告評価などとの関係を明らかにしたい
- 企業イメージやブランドイメージを分析したい
- 顧客特性、ライフスタイル、選好ブランドなどで、顧客を分類したい

課題	技法
意見項目への賛否をもとに、態度、イメージなどをいくつかにまとめたい〔意見項目への賛否得点データ（3段階以上の尺度）〕	因子分析
多数の意見項目に潜在する次元を発見し、対象者特性、好きなブランドなどとの関係を図化したい（定性的データ）	数量化Ⅲ類
意見項目への賛否をもとに、回答者をいくつかのグループに分けたい〔意見項目への賛否得点データ（3段階以上の尺度）〕	クラスター分析
意見項目の因子分析で計算された得点をもとに、回答者をいくつかのグループに分けたい（因子得点データ）	クラスター分析
公表されているクロス集計表から、好きなブランドとライフスタイルなど、変数間の関係を図化したい（クロス集計表）	コレスポンデンス分析
ブランド間の類似度評価をもとに、ブランドの評価構造、ブランド間の位置づけを調べたい（AとBは似ている⇔似ていないなどの質問結果表）	多次元尺度法

第1章 ◎多変量解析とは

因子得点データ：個人が共通因子をどの程度持っているかを計算したデータ。

◆ マーケティング分野での多変量解析の利用目的、適応する解析手法、

基準変数解析の用途の例	必要なデータの例
	目的変数の例
予測（市場性、広告効果、売上など予測値に制限がないもの）	業界、全社、商業・観光施設の売上、販売量、客数などの数値
予測（満足率、快適率など予測値が0〜100％の間）	グループの顧客満足者率
	商品購入率
	広告注目率
顧客満足（CS）	顧客満足度
	グループの顧客満足者率
新製品コンセプトの選定	購入量
	選好度
	機能、価格などの要因を組み合わせたときの評価得点など
販売価格の検討	販売量（額）
	機能、価格などの要因を組み合わせたときの購入希望価格など
販売促進策の検討	ブランドAの購入率
	パッケージ、価格などを組み合わせたときの評価得点(または好ましい順位)

必要なデータの種類の例

説明変数の例	基準変数解析 目的とする数値の根拠の説明・予測				基準変数解析 グループの違いを説明・予測			相互依存変数解析				
	重回帰分析	プロビット分析	数量化I類	コンジョイント分析	判別分析	ロジスティック回帰分析	数量化II類	因子分析	クラスター分析	数量化III類	コレスポンデンス分析	多次元尺度法
評価得点、個人特性など定量的データ	○											
人口、施設規模、アクセス手段など定量的データ	○											
個人特性、意見項目への賛否などの定性的データ			○									
商品数、従業員数、年次、GDPなど				○								
グループの平均年齢、平均使用年数、平均購入価格など		○										
商品特性別評価得点		○										
業種別広告回数、広告量		○										
性能・機能の評価得点など定量的データ	○											
性能・機能別評価の定性的データ			○									
グループの平均年齢、平均使用年数、平均購入価格など		○										
性能・機能などの評価得点	○											
性能・機能別評価の定性的データ			○									
各要因を組み合わせた定性的データ				○								
販売価格帯別販売量(額)など定量的データ	○											
販売価格帯別購入意向など定性的データ			○									
各要因を組み合わせた定性的データ				○								
個人特性などの定量的データ	○											
個人特性、意見項目への賛否などの定性的データ			○									
要因数と各要因の内訳(種類)				○								

第1章 ◎多変量解析とは

◆ マーケティング分野での多変量解析の利用目的、適応する解析手法、

基準変数解析の用途の例	必要なデータの例
	目的変数の例
販売促進策のターゲットの選定検討	購入量の大小、ブランド選択などによるユーザー区分
	購入量の大小、ブランド選択などの確率と区分
広告計画の検討	販売量（額）
	購入量（額）
	購入量の大小、ブランド選択などによるユーザー区分
	購入量の大小、ブランド選択などの確率と区分
マーケットセグメンテーション・顧客の分類	購入量の大小、ブランド選択などによるユーザー区分
	購入量の大小、ブランド選択などの確率と区分

相互依存変数解析の用途の例	アウトプットの例
顧客特性、意見項目、選好ブランド、商品や企業イメージなど、似たもの同士をまとめたい	多数の意見項目をいくつかの因子に分類
	顧客のグループ分け
顧客特性、意見項目、選好ブランドなどの関連性を図示したい	ブランドイメージや顧客特性などの関連性を2次元に布置
	クロス集計表の項目間の関連性を2次元に布置
重回帰分析や判別分析の説明変数として使える変数を探したい	ブランド間などの関連性を2次元に布置
	多数の変数をいくつかに分類

必要なデータの種類の例

	基準変数解析							相互依存変数解析				
	目的とする数値の根拠の説明・予測					グループの違いを説明・予測						
説明変数の例	重回帰分析	プロビット分析	数量化I類	コンジョイント分析	判別分析	ロジスティック回帰分析	数量化II類	因子分析	クラスター分析	数量化III類	コレスポンデンス分析	多次元尺度法
個人特性、意見項目への賛否得点、好きな商品のタイプなどのデータ				○	○							
個人特性、意見項目への賛否得点、好きな商品のタイプなどの定性的データ							○					
個人特性、意見項目への賛否得点、好きな商品のタイプなどのデータ				○	○							
広告回数、広告量など	○											
広告ターゲットの属性、よく見る広告媒体などの定性的データ			○									
広告ターゲットの属性、よく見る広告媒体、好きな商品のタイプなどの定量的データ〔定性的データでも数値化可能〕					○	○						
広告ターゲットの属性、よく見る広告媒体、好きな商品のタイプなどの定性的データ							○					
広告ターゲットの属性、よく見る広告媒体、好きな商品のタイプなどのデータ					○	○						
ターゲットの属性、意見項目への賛否、好きな商品のタイプなどのデータ					○	○						
ターゲットの属性、意見項目への賛否、好きな商品のタイプなどの定性的データ							○					
ターゲットの属性、意見項目への賛否、好きな商品のタイプなどのデータ					○	○						

インプットの例												
意見項目への賛否（賛否の得点化など定量的データ）								○				
意見項目への賛否（3段階以上の尺度）									○			
意見項目を重複回答で質問した1か0の定性的データ										○		
クロス集計表											○	
類似度表（AとBは似ている⇔似ていないなどの質問結果の表）												○
異なる数量を共通単位に偏差値化した定量的データ								○				

第1章 ◎多変量解析とは

(3) メーカーと小売業のマーケティングテーマと多変量解析の活用例

メーカーのマーケティング・リサーチのテーマ例	多変量解析の活用例
ベーシック・スタディ（市場環境基礎調査）	**重回帰分析**→ブランドロイヤルティ予測 **因子分析**や**クラスター分析**など→消費者のライフスタイル動向 **判別分析**→各ブランドの強さ・弱さ分析
製品・サービスのアイデア探索と評価・選定	**コンジョイント分析**（小標本）→新製品の評価や選好 **多次元尺度法**→ブランドコンセプトの確認と隙間コンセプトの探索 **AHP**→コンセプトの重要度確認
開発費用と損益分岐点となる目標販売額の試算	**重回帰分析**→購入確率、購入頻度などから販売予測
コンセプトの開発とコンセプトの評価テスト	**コンジョイント分析**（大標本）→新製品の評価や選好の確認 **数量化Ⅰ類、Ⅱ類、Ⅲ類**→評価得点、選考結果、評価構造などの分析 **コレスポンデンス分析**→顧客特性と評価構造の図化
商品・サービスの試作	
製品テスト（受容性評価）	**重回帰分析**→個別評価のウェイト算定をもとに、問題事項を確認 **判別分析、ロジスティック回帰分析、数量化Ⅱ類** 　→受容層と非受容層の確認、問題点の把握
発売計画検討〈需要予測など〉	**重回帰分析**→評価得点をもとに販売量予測モデル
テスト・マーケティング	**重回帰分析、コンジョイント分析、プロビット分析** 　→広告を実施した場合の知名度予測 　→テスト販売動向をもとに実発売の予測
販売計画	
発売	
販売状況評価	**重回帰分析**→販売予測と実販売量との乖離を検討
購入使用実態の把握	**重回帰分析**→利用頻度や購入回数予測 **因子分析**や**クラスター分析**など→顧客のライフスタイル動向 **判別分析**→ロイヤル顧客と非ロイヤル顧客の相違
広告効果測定	**数量化Ⅰ類、プロビット分析**→知名度予測、購入率予測
競合状況評価 ブランドイメージ評価	**因子分析、数量化Ⅲ類**→ブランドイメージ分析 **共分散構造分析** 　→広告、ブランドイメージと購入行動の関連性

商業施設のマーケティング・リサーチのテーマ例	多変量解析の活用例
ベーシック・スタディ（市場環境基礎調査）	**因子分析**や**クラスター分析**など →市町村データによる商業立地分析 **判別分析**→成長市場と衰退市場の判別
新規立地市町村の探索と評価・選定	**重回帰分析**→市町村別小売商業販売額予測、立地場所、ストアブランド別販売額予測 **AHP**→出店の優先順位評価
開発費用と損益分岐点となる目標販売額の試算	
スコアコンセプトの開発と評価テスト	**コンジョイント分析、数量化Ⅰ類** →満足度と個別ストアコンセプトの評価の関連性 **因子分析**→ストアイメージ、**クラスター分析**→顧客の類型化
新規立地場所の候補	
商圏の受容性評価	**プロビット分析**→ 来店確率と顧客特性、イメージの関連性分析 **AHP**→受容性評価項目の重要度
販売計画検討〈商業解析による売上予測など〉	**重回帰分析** →店舗面積、店員数、商圏人口等による売上予測
競合店把握と対策立案	**コレスポンデンス分析、数量化Ⅱ類、ロジスティック回帰分析** →潜在顧客と非顧客の判別、競合店対策
販売計画	
営業開始	
販売状況評価	**数量化Ⅲ類、因子分析、クラスター分析** →マーケットバスケット分析（同時購入される商品の探索）
店舗レイアウト・レジの再配置	**数量化Ⅲ類、因子分析** →店内顧客動線と購入箇所のパターン分類
広告効果測定	**数量化Ⅰ類、プロビット分析** →チラシのクーポン使用率予測、知名度予測、購入率予測
競合状況評価 ストアイメージ評価	**因子分析、数量化Ⅲ類**→ストアイメージ分析 **共分散構造分析**→広告、ストアイメージと購入行動の関連性

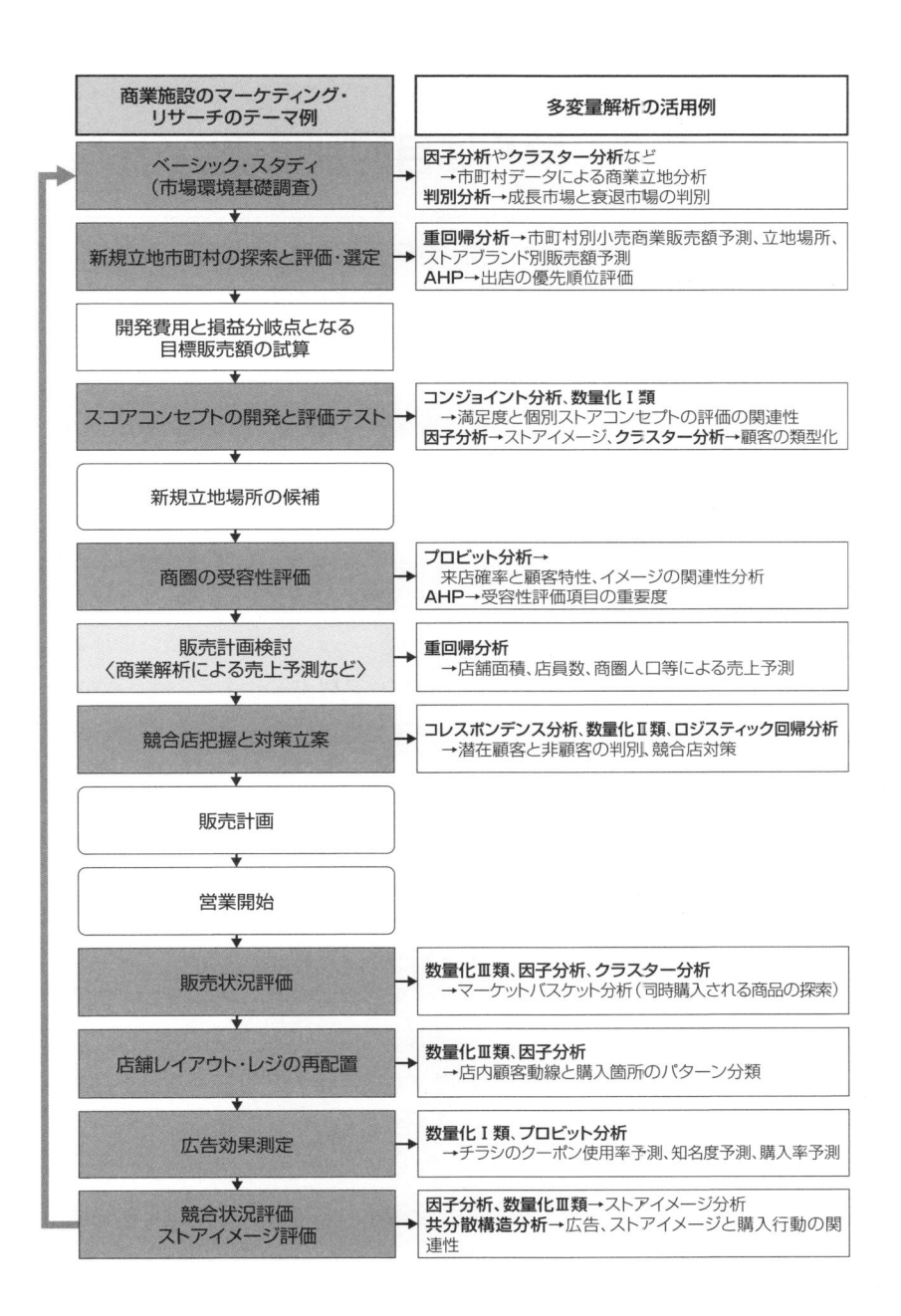

4 多変量解析は目的別に使い分ける

（1）手法の選択は解析目的に応じて行う

　前節で説明したように、多変量解析の手法は多数あります。統計学理論の発達と計算機性能の向上により、特定の利用目的に対し、複数の解析手法を手軽に適用することができます。

　また、目的変数や説明変数をいろいろなデータタイプに変換することで、同じデータに様々な解析手法を適用することができます。つまり、ひとつのデータに適用可能な多変量解析は、多種類あるということです。

　多変量解析をプロの料理人が使う包丁に例えると、和食には和包丁の中から菜切包丁、出刃包丁、刺身包丁などを使い分ける必要があります。洋食には、洋包丁の中から牛刀、三徳、ペティーナイフなどを使い分ける必要があります。中華料理には中華包丁を使う必要があります。残念ながら、多変量解析には、和洋中なんにでも使える万能包丁にあたる、万能解析手法はありません。

　そこで、多変量解析を行うには、解析目的を明確に定め、仮説を作る必要があります。料理でいえば、お品書き、メニューを決めることです。

　仮説を作り、それを検証するためのデータ設計を詳細に行います。料理でいえば、素材や調味料を決めることにあたります。

　データを収集し、データクリーニングを行って整理し終わると、基礎統計でデータを記述します。料理でいえば、下ごしらえにあたるでしょう。ただし、よい素材でなければよい料理ができないのと同様、正しく収集されたデータでなければ、よい解析はできません。

　仮説に従い、よく使われている多変量解析（例えば重回帰分析、判別分析、因子分析、クラスター分析など）を適用します。満足のいく結果が出

れば、解析を終えてもよいのですが、もっと精度を上げたいとか、特定の説明変数の効果をはっきりさせたいといった場合には、別の多変量解析を適用したり、変数変換を行って再計算を行うことがあります。料理でいえば、素材の切り方を変えたり、調味料の味付けを変えたりすることです。料理では一度切ればもとに戻りませんが、多変量解析のデータは何度でも使うことができますし、データ変換などの加工も自由自在です。

最後に多変量解析の結果を解釈し、とりまとめることで一般に理解できるものに仕上げます。料理でいえば、盛り付けにあたるでしょう。

(2) 手法の適用は試行錯誤を伴う

一般的には、目的変数も説明変数も定量データの場合は重回帰分析、説明変数が定性データの場合は数量化Ⅰ類を適用すると推奨されています。しかし、定性データは**ダミー変数**（1と0を用いて複数のカテゴリーを表現する方法）で表現できるので、数量化Ⅰ類を用いる必然性はありません。同様なことが、重回帰分析とプロビット分析でもいえます。両者は計算アルゴリズムが異なりますが、目的変数をプロビット変換して重回帰分析を行えば、プロビット分析と類似した結果になります。判別分析とロジスティック回帰分析も同様です。

統計解析ソフトウェアとパソコンが普及し、計算費用が無料または安価ですから、いろいろな多変量解析を試み、自分で納得することが必要だと思います。自分の好みや使い慣れた多変量解析を発見するように努めてください。

いろいろな料理包丁を試し、この料理にはこの包丁を使うといった自分なりのノウハウを身につけていただきたいと思います。

データさえあれば多変量解析はできますが、解析に使ったデータそのものが間違っていては時間とコストをかけた意味がありません。解析にあたって最も重要なのは、「品質が確保されたデータ」だということを、肝に銘じてください。

ダミー変数：例えば男性を［1］、女性を［2］などのように、定性的データを定量的データに置き換えたもの。
プロビット変換：0〜100%を正規分布の面積に変換すること。

Column
データを見抜く力

　数さえ集めれば統計的な結果が得られると考えるのは大間違いで、危険なことです。パーセントが付いた数字には人を信じさせる魔力がありますが、どんな方法で、いつ、どんな質問を、どんな対象者に行ったかで結果は大いに異なります。

　多数を調査したものの、肝心のターゲット層が含まれていない「ピント外れ調査」、結果が出るのは速いが調査内容や調査方法がいいかげんな「チャランポラン調査」、高度な統計解析テクニックを駆使して乏しいデータをほじくり返している「テクノおたく調査」を見抜く力がなければ、判断を誤ることになります。

　情報化の進展に伴い、多様かつ大量の情報を速やかに分析することが求められますが、社会が複雑化するにつれ、単純に解明できないことも増えてきています。

　そんな時代を反映して、「多変量解析」の技法やソフトウェアもどんどん進化しています。しかし、不正確なデータに高度な解析を適用しても、正しい解は導けません。

　データの高品質化こそが多変量解析の基本の基本ということを忘れてはいけません。

第2章

解析データの基礎知識

アンケート調査のデータを、そのまま多変量解析に用いてもいいのかな？
データクリーニングを行う必要があるよ。データにはバラツキが必要だ。バラツキのない変数や標本は解析から除外すべきだよ。

1 多変量解析で用いるデータの条件

データなら何でも多変量解析ができるわけではありません。多変量解析を行えるデータには、次のような条件が必要です。

（1）データのフォーマットとサイズ

①データの形式

データを表形式に整理する必要があります。表計算ソフトウェア「エクセル」のワークシートなどで、標本（サンプル）番号と変数を、行と列で

エクセルのデータ例

標本No.	性別	年齢	Q1	Q2	Q3	Q4	Q5	Q6	Q7	Q8	Q9	Q10
1001	男性	70	4	3	5	1	5	2	5	2	3	2
1002	男性		列（例えば、変数名）		5	5	5	4	4	5	3	1
1003	男性				5	4	5	2	3	2	2	4
1004	男性	14	1	5	3	1	2	2	5	1	5	2
1005	男性	66	1	3	1	2	2	2	3	4	4	1
1006	男性	13	3	2	4	2	2	5	1	4	1	5
1007	男性	70	5	5	5	3	2	2	3	5	3	3
1008	男性	44	2	4	4	4	2	3	2	3	3	4
1009	男性	77	1	2	5	2	5	2	1	5	3	2
1010	女性	31	4	3	5	3	3	2	1	5	3	3
1011	女性	55	2	5	1	3	5	1	1	5	1	2
1012	女性	67	5	1	2	2	4	1	5	5	5	3
1013	女性	85	5	4	4	2	1	5	5	2	1	3
1014	女性	20	5	3	2	3	3	1	5	4	2	5
1015	女性	40	1	3	1	2	2	5	2	3	5	2
1016	女性	58	2	5	4	5	1	2	5	2	3	2
1017	女性	8	1	4	3	2	2	5	2	5	1	5
1018	女性	81	2	4	1	4	1	5	2	5	3	5
1019	女性	20	4	2	3	3	2	5	1	5	2	5
1020	女性	32	4	3	4	4	2	5	5	4	3	5

（行（例えば、標本No.））

表示します。エクセルでは、ソフトウェアの制約上、行数より列数が少ないため、行ごとに標本を入力（つまり、1行に1標本）し、表示するのが一般的です。

②データの数値化や置き換え

多変量解析で解析できる変数は、数値データのみです。文字データを解析するには、数値データに置き換える必要があります。

例えば性別なら、男性を「1」、女性を「2」などに置き換えます。

文字データから数値データへの置き換え例

・単一回答データで2肢選択の場合、以下のようにして数値データに変換し、1変数として扱います。

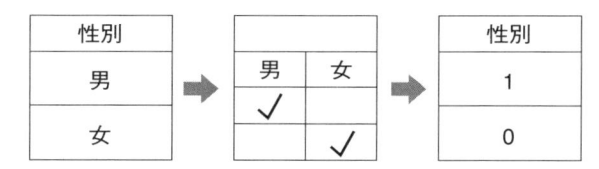

性別
男
女

→

男	女
✓	
	✓

→

性別
1
0

・単一回答データで3肢選択の場合なら以下のように変換します。数値データにする変数の数は選択肢の数マイナス1となります。（例えば3つの選択肢のうち、2つがわかれば3つめは自動的にわかるので、変数の数は3－1＝2となります）

居住地
首都圏
近畿圏
その他

→

首都圏	近畿圏	その他
✓		
	✓	
		✓

→

首都圏	近畿圏
1	0
0	1
0	0

標本No.	性別
1001	男性
1002	男性
1003	男性
1004	男性
1005	男性
1006	男性
1007	男性
1008	男性
1009	男性
1010	女性
1011	女性
1012	女性
1013	女性
1014	女性
1015	女性
1016	女性
1017	女性
1018	女性
1019	女性
1020	女性

データ変換の例
（文字→数値など）

標本No.	性別
1001	1
1002	1
1003	1
1004	1
1005	1
1006	1
1007	1
1008	1
1009	1
1010	0
1011	0
1012	0
1013	0
1014	0
1015	0
1016	0
1017	0
1018	0
1019	0
1020	0

　「数値データ」の場合も、単位を揃える、別の単位に換える、指数化するなどの処理が必要な場合もあります。

　このようなデータの置き換え（変換）を適切に行うには、データの種類や尺度と、それぞれの統計的処理についての制約を知っておく必要があります。データの種類や尺度については、次節2で説明します。

　また、データの観測時点によって、時系列に並べ替えるなどの処理が必要な場合もあります。データの観測時点については、3節で説明します。

③データサイズ

　エクセルでは、データサイズは最大65,536 行、256 列に制限されています。つまり、1ワークシートで最大65,536サンプル、256変数のデータサイズです。しかし、多変量解析を行うデータのサイズは、統計解析のソフトウェアとパソコンのメモリー制限で決められていますので、マニュアル類を確認しておく必要があります。

(2) データの性質

①データのばらつき

多変量解析は、多数のデータに潜む特徴を解析するものであり、似通ったデータや、少数のデータを多変量解析することには意味がありません。また、解析自体もうまくできません。

すなわち、多変量解析のデータには、ある程度「**ばらつき**」すなわち「**散らばり**」が必要なのです。「ばらつき」が大きいことは、分布が大きく、多様なデータであり、「ばらつき」が小さいことは、密集しており、等質なデータであると想定できます。「ばらつき」の程度は、「分散」や「標準偏差」などの統計指標で確認します。

「ばらつき」を確認するには、ある程度のデータサイズが必要です。

つまり、多変量解析のデータは、サンプル数が大きいほうがよいことだと考えられています。経験的には、多変量解析を行うためのデータサイズは、次のようにしたいものです。

- 解析する変数の10倍程度のサンプル数がほしい。
- 解析対象のサンプル特性の違いを調べる場合、例えば、男性20歳代など性年齢別に調べたい場合は1つの分類パターンにつき25〜30サンプル程度ほしい。

②データの正確さ

当たり前のことですが、解析するデータが正確で妥当なデータなのか、よく点検してから解析することが重要です。

データ作成にあたっては、個々のサンプルに注意をはらうことが必要です。少数サンプルのデータほど、1サンプルが解析結果に及ぼす影響が大きくなります。

また、誤りではなくても、異常な値や極端に桁はずれの値など「**外れ値**」のサンプルがあれば、割愛すべきかどうか、検討を要します。

2 統計データの種類と尺度

　多変量解析では、技法の種類により、解析できるデータの種類と尺度が異なります。多変量解析を行うには、アンケート票の設計に際して、技法に適したデータの種類と尺度にしたり、解析の対象となる既存データを、解析に適したデータに変換することが必要です。

　データの種類と尺度、可能な統計的処理の概略をここで説明します。

　統計データは、定性的データと定量的データの2つに分類され、それぞれ、計測する尺度が異なります。**尺度**とは、データを測る「ものさし」の種類であり、アンケート調査でいえば、求める回答の性質を意味します。

- 定性的データ（質的データ）＝名義尺度か順序尺度で計測
- 定量的データ（量的データ）＝間隔尺度か比例尺度で計測

（1）定性的データ（質的データ）

　定性的データは、**質的データ**とも称し、名義尺度か順序尺度で計測されたデータです。

　名義尺度は、性別や職業分類などのカテゴリーを、便宜的に数字で表したものです。例えば、男性は1、女性は2など、対象者全員が割り付けた数字に含まれます。名義尺度の数字は、加減乗除はできません。許される統計的処理は、**度数**（**頻数**、すなわち該当する人数）や**最頻値**（一番多かった回答カテゴリーの度数）などです。

　順序尺度は、好きな順位、売上ランキングなど優劣や大小関係などの方向性を持った数字です。

　一番好きなものから順にランクを付け、「Aより好き」とか「Bより嫌

い」などの関係を表わすことができる数字です。多数の選択カテゴリーについて好きな順位や買いたいものの順位を質問したり、複数の選択肢の中からベスト3やワースト3を質問したりします。順序尺度で得た数値は、**中央値**（各選択カテゴリーに与えられた順位値を並べ変え、その中位にあたる数値）や**順位相関係数**（1位10点、2位9点……などの得点を割り付け、相関係数を計算するための係数）などの統計処理が可能です。

(2) 定量的データ（量的データ）

定量的データは、**量的データ**とも称し、間隔尺度か比例尺度で計測されたデータです。

間隔尺度は、温度のように目盛間隔の差は等しいのですが、30℃は10℃の3倍熱いといったような比例関係はありません。アンケート調査では、例えば、「非常に満足、かなり満足、やや満足、どちらともいえない、やや不満、かなり不満、非常に不満の中から該当するものに○をつけてください。」といった質問形式で使われます。この回答選択肢は本来は順序尺度ですが、間隔尺度として用いられることが多いようです。間隔尺度では、目盛間隔の差は等しいという仮定のもとに、「非常に満足7点、…、非常に不満1点」という得点化が可能です。原点を自由に決めることができるので、「非常に満足＋3点、…、非常に不満－3点」といった得点化が可能です。

比例尺度は、重さ、長さ、金額などで、100万円は1万円の100倍、100万円は10万円の10倍の大きさというように数値的に比例関係があります。絶対的な原点0があるので、加減乗除など統計的な処理が自由にできます。

小売店対象のアンケート調査では年間売上額、来店客数、駐車台数などを質問したり、消費者対象では年収、年齢などを質問したりしています。

定量的データは、**連続データ**と**離散データ**に分けることもできます。連続データは距離や時間などの実数、離散データは人口や利用回数など整数の数量のことです。

◆ 統計データの分類と尺度

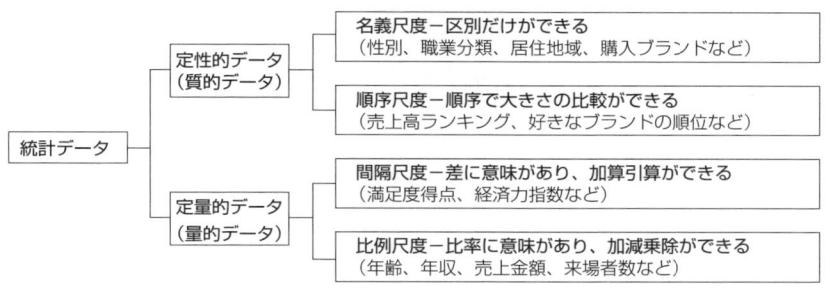

```
統計データ ─┬─ 定性的データ ─┬─ 名義尺度－区別だけができる
          │  (質的データ)   │  （性別、職業分類、居住地域、購入ブランドなど）
          │              │
          │              └─ 順序尺度－順序で大きさの比較ができる
          │                 （売上高ランキング、好きなブランドの順位など）
          │
          └─ 定量的データ ─┬─ 間隔尺度－差に意味があり、加算引算ができる
             (量的データ)   │  （満足度得点、経済力指数など）
                         │
                         └─ 比例尺度－比率に意味があり、加減乗除ができる
                            （年齢、年収、売上金額、来場者数など）
```

◆ 尺度と質問、統計的処理の例

尺度の名称と性質	統計的処理の方法
名義尺度 対象者特性を便宜的に数字で表現 例　性別:男性＝1、女性＝2 　　好きな動物に○ 　　:犬＝1、猫＝2、小鳥＝3、 　　うさぎ＝4、ハムスター＝5、 　　その他＝6　など	・度数(頻数)のカウント 　（例：男性112人、女性138人） ・度数の順位づけ 　（例：1位猫57人、2位犬49人、 　　3位うさぎ41人‥）
順序尺度 順位やベスト3、ワースト3などを質問 例　・次の動物に好きな順位をつけて下さい。 　　・行きたい国から順に3つ、お知らせ下さい。	・順位別度数 　（例：1位　犬36人、猫28人‥ 　　　2位　犬19人、うさぎ17人‥ 　　　3位　猫32人、小鳥28人‥ ・順位の得点換算 　（例：1位3点、2位2点、3位1点として 　　カテゴリー別に平均得点算出）
間隔尺度 評価などを質問 例　満足度（順序尺度だが、目盛間の差は等しいと仮定し、間隔尺度として活用） 　─ 非常に満足 　─ やや満足 　─ どちらともいえない 　─ やや不満 　─ 非常に不満 　から選択　　　　　　など	・度数のカウント （非常に満足15人、満足23人、…） ・得点換算 　非常に満足5点～不満1点で平均得点算出 　(5点×15人＋4点×3人＋…) 　―――――――――――――― 　　(15人＋3人＋…) ・分散、標準偏差などデータのばらつきなど
比例尺度 数量などを質問 例　・年収 　　・年齢 　　・年間売上金額 　　・来場者数　　など	・カテゴリー化して度数をカウント （10歳代18人、20歳代25人、…） ・算術平均の算出（平均年齢　42.8歳） ・幾何平均（年平均伸び率1.5倍、…） ・調和平均（平均時速40.7、…） ・分散、標準偏差などデータのばらつき 　　　　　　　　　　　　　　　　　　　など

3 観測時点でデータを分類する

　データを観測時点で分類すると、時系列データとクロスセクションデータに分類できます。

(1) 時系列データ

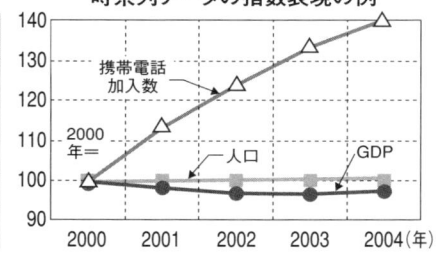

　時系列データは、時間（秒、分、時、日、月、四半期、半期、年など）に依存した変量です。例えば、ビジネス分野では日別、月別、年別などの売上額や来場者数、販売個数などの時系列データがあります。

　物価指数などの指数は、時系列データをもとに、ある変量の時間的な変化を表すため、基準となる時点と比較した相対的な数値で表します。

　一般的には、基準時点を100とします。指数化することで、いろいろなデータを比較することができます。例えば、GDP（国内総生産）、業界売上、企業別売上などを指数化して比較すれば、自社の位置づけがわかります。

　ビジネス・リサーチでは、時系列データを収集する方法として、**独立サンプル方式**（調査対象をその都度抽出）と**同一サンプル方式**（調査対象を一定期間固定）の2種類があります。同一サンプル方式で得たデータは**パ**

時系列データの例

	GDP（10億円）	人口（万人）	携帯電話加入数（万台）
2000年	511,462	12,693	6,094
2001年	505,847	12,729	6,912
2002年	497,897	12,744	7,566
2003年	497,485	12,762	8,152
2004年	501,465	12,769	8,548

ネルデータともいいます。

（2）クロスセクションデータ

クロスセクションデータは、時系列データに対応する用語で、一時点のデータです。時間に依存しませんので、収集したデータの特性（アンケート調査の対象者特性‐性別や年齢など‐や利用頻度など）をもとに集団（グループ）をつくり、グループ間の違いを調べたり、利用金額や所有の有無などを予測したりします。

ある時点の家計調査データについて、地域、世帯主職業、世帯主年齢階級、世帯のライフスタイル（世帯主年齢35歳以下の単身世帯、高齢単身世帯、夫婦共働き世帯、世帯主のみ働いている世帯など）や年間収入階級の区分に応じて、商品の購入量がどれくらい異なるかを調べることができます。また、株式投資をする際には、複数年の企業別ROE（株主資本利益率）をみて投資先を選択したりします。

クロスセクションデータは、**断面的データ**、**横断面データ**あるいは**ワンショットデータ**ともいわれます。クロスセクションデータを継時的に収集すると時系列データになります。

◆ クロスセクションデータのイメージと例

t年の年齢階級別食料の構成比

年齢	素材となる食料	調理済みの食料	外食	その他
35歳未満	14.1	18.5	51.9	15.5
35～59歳	24.3	17.5	43.1	15.2
60歳以上	49.5	18.6	18.7	13.2

過去 → 時点tのクロスセクションデータ → 時点t+1のクロスセクションデータ → 時点t+2のクロスセクションデータ → 時点t+3のクロスセクションデータ → 現在

クロスセクションデータを時間の流れで揃えると、時系列データになる

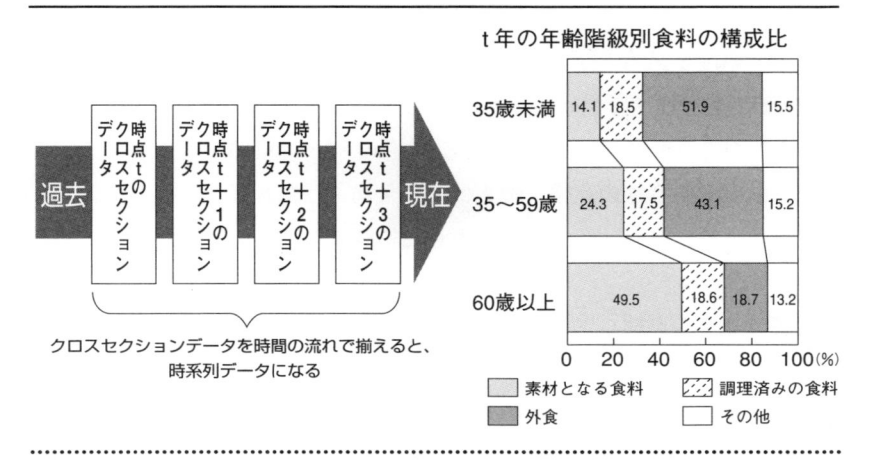

4 データチェックのポイント

　ろくにデータを見ないで、いいかげんなデータに高度な解析技法を適用しても、時間と労力の無駄です。解析に備え、データの作成ミスや入力ミス、論理的矛盾などがないかを点検しておくことは、大変重要なステップです。

(1) 基本的点検
- **解析対象の確認**：データの内容や調査年度などが、解析対象の条件に合致しているかを確認します。例えばアンケートデータなら回答者の性別や年齢の範囲、施設の売上データなら所在地や規模など、解析対象の条件を確認します。
- **重複データの確認**：重複データや標本番号の重複がないか、点検します。
- **欠損データの点検**：データの欠損があれば、処理方法を検討します。例えば、平均値を代入したり、分析対象から除外します。

(2) 論理的ミスなどの点検
- **値の範囲の点検**：カテゴリー番号の範囲を超える数字がないか、数量を記録する際の、単位の相違などによる異常値がないか、などを点検します。
- **データ間の整合性の点検**：例えば、仕入れ、在庫とも0で売上が1、アンケートデータなら正反対の複数意見に賛成など、データ間の矛盾を点検します。
- **回答のくせの点検**：アンケートデータの場合、同じ選択肢番号ばかりに○、賛否や評価がすべて同じなどの回答パターンがないか点検し、問題票は、無効票とするか判断します。

5 データの誤差・バイアスに注意する

　マーケティングリサーチなど人を対象とした調査データには、いろいろな誤差が含まれています。また、科学実験データでも計測誤差がつきまといます。しかし、入力済みのデータを右から左に解析していると、個別データの誤差を見逃すこともあります。生のアンケート票など、数値化される前の個別データをながめたり、様々な誤差を意識しながら解析することが必要です。以下に人を対象とした調査データの誤差について整理しました。

◆ 人を対象とした調査データの誤差、バイアスの例

誤差、バイアスの名称	特　徴	誤差のチェックポイント
母集団と抽出台帳のズレ	①国勢調査と住民基本台帳の調査時点の相違。 ②住民基本台帳の閲覧規制により、住宅地図を代替台帳として抽出する誤差。 ③顧客名簿などの作成時期と調査時点とのギャップなど。	抽出台帳の種類、作成時点をチェック
抽出誤差（サンプリング誤差）	母集団の一部を統計的にランダム（無作為）に抽出した場合の誤差。	公式＊でサンプリング誤差算出
調査不能の誤差	対象者と会えない、調査拒否などの調査不能誤差。	回収率チェック
質問による誤差	企画段階の誤差で、質問順序、誘導質問や質問内容そのものに起因する誤差など。	調査票の質問文チェック
調査員による誤差	①調査員の不正―指定された人に質問しないで別人に質問したり、調査しないで結果をでっちあげる。 ②調査員が無意識におかす誤り―調査員が好むものを回答する誤り。調査員経験の長短と不明回答率の関係など。 ③調査員のミス―回答欄への記入ミスなど。	調査票の個票を見て回答内容をチェック
回答者による誤差	回答者による意識的あるいは無意識の嘘。なりすましや同一質問への回答が一致しない誤差など。	
データ入力誤差	データ作成時の入力作業員の入力ミス。	データ間の整合性をチェック

＊サンプリング誤差の公式については拙著『マーケティング・リサーチ・ハンドブック』（日本能率協会マネジメントセンター刊）標本数の決定　参照

回答者による誤差は、心理学では「**恒常性誤差**」といわれています。現代版の恒常性誤差の種類を紹介しましょう。

【寛大性の誤差】 よく知っている、または自分が関与・関心・興味をいだいている対象を評価するときに、実際より高く評価する傾向があることを**正の寛大性**という。

逆に、正の寛大性に気づいている評定者は、反対方向に行きすぎ、実際より低く評価しすぎることもある。これを**負の寛大性**という。

【中心傾向の誤差】 極端な評価を下すことを躊躇し、中間の評価や平均に近づく傾向。5段階評価尺度の場合、3ポイントに評価を下すなど。原因としては、対象をよく知らない場合など。

【ハロー効果（後光効果、光背効果）】 評価対象のあるひとつの特徴について良い（ないしは悪い）印象を受けると、他のすべての特徴も実際以上に高く（ないしは低く）評価すること。

【論理的誤差】 評定者が評価する際、論理的に関連がある対象には類似した評価を与えること。例えば、辛いものが好きな人は、辛さを感じられるものすべてに類似した評価を与えるなど。

【対比誤差】 自分を基準に対象を評価し、自分との違いを際立たせること。例えば、規律正しさを好む人は、他人をだらしないと評価する。

【近接誤差】 列挙した意見項目への5段階評価などで、近接した意見項目には似通った評価をしがち（相関が高くなりがち）であること。特に、クリックして回答するネットアンケートで発生しがち。

【順序バイアス】 質問順、回答選択肢の並び順、評価対象の提示順などによって、評価結果などに偏りが生じること。近接誤差もそのひとつ。

質問の後半ほど集中力が落ちる、逆に、習熟効果が上るなどの誤差もある。

【クリックミス】 回答欄を間違ってクリックする。ネットアンケートで起こりうる。

【なりすまし】 男なのに女と偽って回答したり、他人が本人に成り代わって回答するなど。ネットアンケートで起こりうる。

6 まず基本統計でデータを俯観する

　データを分析する際には、通常、基本統計からはじめます。基本統計では、単純集計により、データの分布や平均値、標準偏差、分散などを調べます。次に、クロス集計や相関行列などにより、2変数間の関連性を調べることで、多変量解析の対象とする変数を検討したりします。

　基本統計には次のようなものがあります。

（1）1変量解析

①度数分布

　「1」男性、「2」女性などカテゴリー別のデータの個数を集計したものが**度数**（**頻数**）です。例えば年収など定量的データの場合、「1」200万円未満、「2」200万円台…など、ある級区間でカテゴリー化して度数を集計します。

②平均

　例えば年収、売上、人口など、定量的データは平均値を算出します。

③標準偏差

　分布の平均を中心としたデータのばらつきの程度を示す指標を**分散**と称し、分散の平方根が標準偏差です。

④その他

　必要に応じて**最頻値**や**中央値**を調べます。最頻値は、度数の最も多いカテゴリー名です。中央値は、データを大きさの順に並べたときに中央にくる値です。

(2) 2変量解析

①クロス集計

ある変量のカテゴリー別に他の変量のカテゴリー度数を数えることで2変数間の関連を調べます。例えば、原因と思われる項目を母数にして、結果と思われる項目の頻数を集計し、因果関係や関連性を調べたりします。

②散布図

散布図は、2つの数値データ間の相関関係を、点の分布で示すものです。

間隔尺度や比例尺度で測った2つの変数の相関関係、つまり、一方の変数が変化すれば他方の変数も変化する関係（いわゆる従属関係）を視覚的に確認するには、散布図または相関図を描くことが必要です。

③相関係数など

相関係数は変数間の従属の度合いを示す指標です。

相関係数は直線的な関係を示し、曲線的な関係を示しません。

相関係数（r）は、－1と＋1の間の値をとります。

このほかにも色々な2変量解析がありますが、基本的なものはこのくらいです。

(3) グラフ

1変量解析や2変量解析などの結果を棒グラフ、折れ線グラフ、散布図などにして視覚化することで、データの分布やデータ間の関連性がわかりやすくなります。グラフの例を示します。

棒グラフ

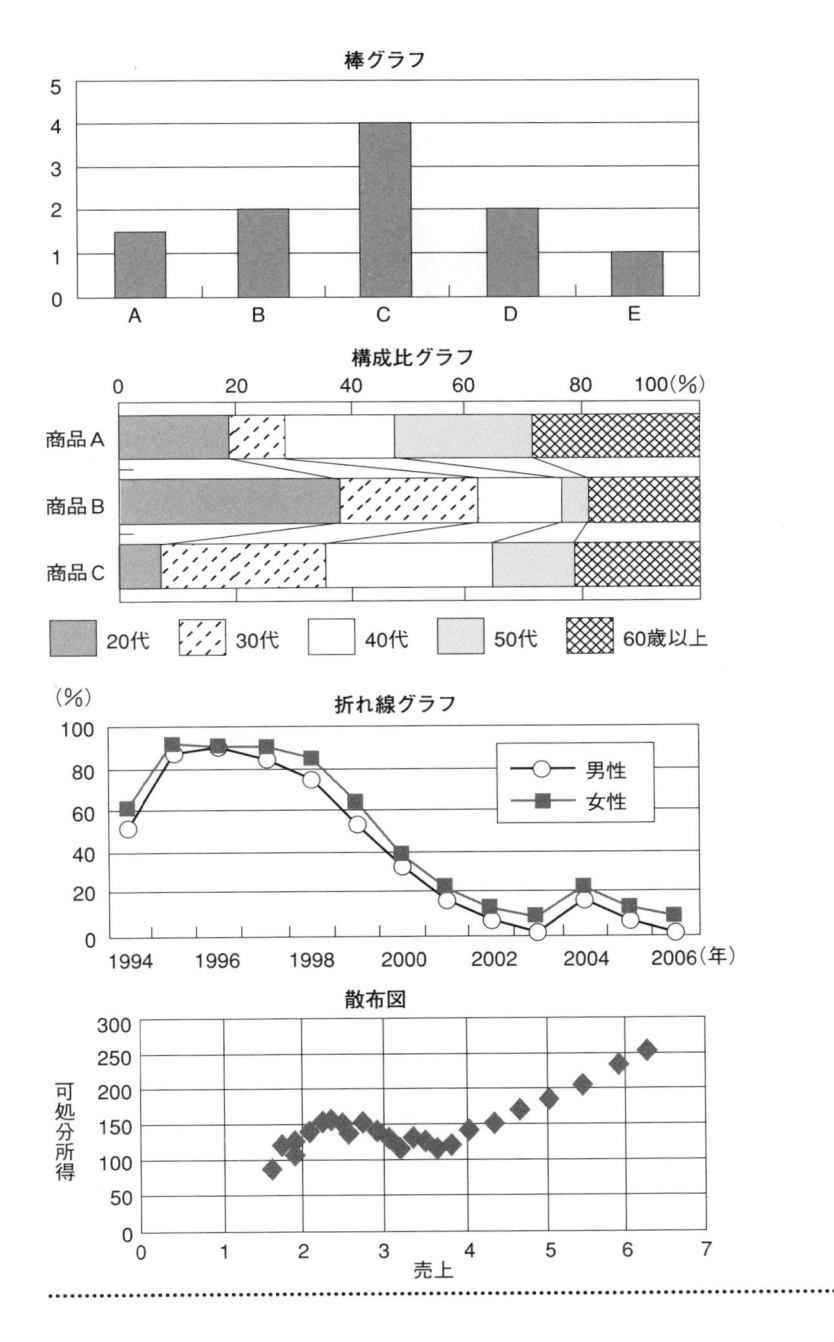

構成比グラフ

■ 20代　▨ 30代　□ 40代　▧ 50代　▦ 60歳以上

折れ線グラフ

─○─ 男性
─■─ 女性

散布図

7 データ変換による解析も検討する

　データ変換により、データ形式を解析手法に応じたものに変更したり、解析しやすいような加工を加えたりすることもあります。

（1）データ変換の目的
　データ変換には、次のような目的があります。
　　①左右対称でない分布を対称に近づける
　　②ばらつきの安定化
　　③変数間の関係式の線形化
　　④データのくせの除去
　　⑤解釈のしやすさ

（2）簡単なデータ変換の例
　四則演算、べき乗、対数変換、指数変換や、順位づけ、1/0変換、5段階ランクづけなどによる簡単なデータ変換の例を紹介します。
　yを変換された新しいデータ、xを元のデータ、cを定数とします。

　　① $y = x + c$　　　　xにcを加算
　　② $y = x - c$　　　　xからcを引き算
　　③ $y = x * c$　　　　xにcを掛け算
　　④ $y = x / c$　　　　xをcで割り算
　　⑤ $y = 1 / x$　　　　xの逆数（x≠0）
　　⑥ $y = x \char`\^ c$　　　　xのc乗（c=0.5の時、平方根）
　　⑦ $y = \log(x)$　　　xの対数変換（x≠0）
　　⑧ $y = \exp(x)$　　　xの指数変換

⑨xを大きさ順に並び換え、大きさ順に1、2、と順位づけ
⑩xがc以上なら1に、c未満なら0に変換
⑪標準得点をもとに、5段階にランクづけ

◆変数変換の例

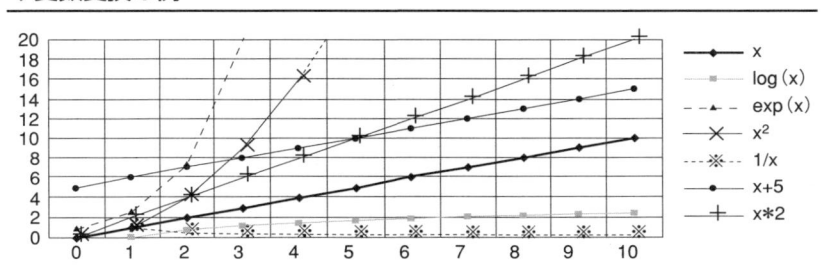

[グラフ: x, log(x), exp(x), x², 1/x, x+5, x*2 の各関数のプロット (x軸0〜10)]

(3) データの範囲を変える変換

データの範囲を解析目的に応じて変えるための変換もあります。

下表は、変数xの範囲を条件に、ある範囲の変数yに変換する方法を示したものです。

xが(-1、1)の範囲のとき、y=(x+1)/2に変換すれば、yは0と1の間になります。また、y=(1+x)/(1-x)に変換すれば、yは0と∞の間になります。さらにこの値を対数変換すれば-∞と+∞の間になることを示しています。

◆データの範囲を変えるための変換例

xの範囲 \ yの範囲	(-1,1)	(0,1)	(0,∞)	(-∞,∞)
(-1,1)	-	(x+1)/2	(1+x)/(1-x)	log[(1+x)/(1-x)]
(0,1)	2x-1	-	x/(1-x)	log[x/(1-x)]
(0,∞)	(x-1)/(x+1)	x/(x+1)	-	log(x)
(-∞,∞)	[exp(x)-1] / [exp(x)+1]	[exp(x)] / [exp(x)+1]	exp(x)	-

一般的には、対数（log）変換すれば−∞と＋∞の間に、指数（exp）変換すれば−1から1や0から＋∞の間に収まるような変数を作ることができます。

データ変換の方法として他に、逆正弦変換などの三角関数変換、ボックス・コックス変換、プロビット変換などがあります。

質的変数のカテゴリーへの回答率を用いて、オッズ比に変換することもあります。例えば、あるカテゴリーへの回答率÷その他のカテゴリーへの回答率を求めたりします。また、オッズ比を対数変換、つまりロジット変換して範囲を−∞と＋∞の間にしたりします。

（4）分布のなかでの相対的な位置を示すデータ変換

①標準得点

データを標準得点に変換することより、分布のなかでの相対的な位置を示すことができます。

標準得点は**規準得点**ともいわれ、平均と標準偏差をもとに計算します。分布が左右対称の正規型であれば、元のデータの値にかかわらず、−3点～＋3点の間に99.7％のデータが入ります。このとき、標準得点の平均は0、標準偏差は1です。

②Z得点

Z得点は**偏差値**ともいわれ、受験でおなじみです。標準得点と同様、分

◆標準得点と偏差値（Z得点）の求め方

標準得点＝（個々のデーター平均）÷標準偏差
偏差値Z＝標準得点×10＋50

	データ	標準得点	偏差値
	1	−1.414	35.858
	3	−0.707	42.929
	5	0.000	50.000
	7	0.707	57.071
	9	1.414	64.142
平均	5	0.000	50.000
標準偏差	2.828	1.000	10.000

逆正弦変換：sim^{-1}
オッズ比：比率PについてP／（1−P）。144ページ参照。
三角関数変換：sim, cos, tanなど。
ロジット変換：自然対数変換。
ボックスコックス変換：データ分布を正規分布に近づけるための変換。

布のなかでの相対的な位置を示しますが、Z得点の分布が左右対称の正規型であれば、20点～80点の間に99.7%のデータが入ります。このとき、Zの平均は50、標準偏差は10です。

③プロビット変換

プロビット変換とは、比率（0＜比率＜1）を正規分布曲線の面積とみなし、面積に対応する横座標の値 z（プロビット値）に変換することです。プロビット変換のイメージをグラフで示します。

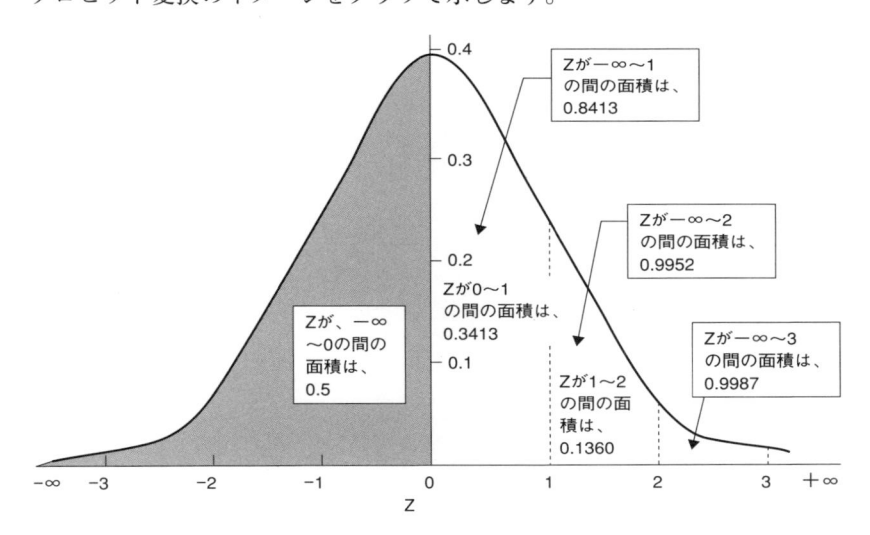

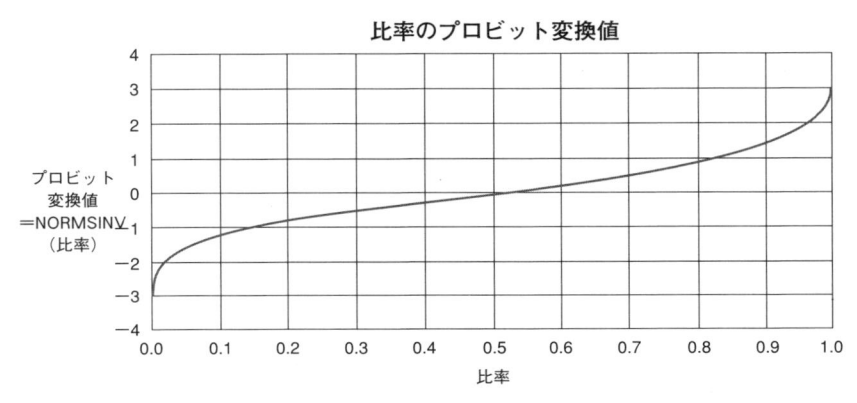

（正規分布曲線の図）
- Zが、−∞〜0の間の面積は、0.5
- Zが0〜1の間の面積は、0.3413
- Zが−∞〜1の間の面積は、0.8413
- Zが1〜2の間の面積は、0.1360
- Zが−∞〜2の間の面積は、0.9952
- Zが−∞〜3の間の面積は、0.9987

比率のプロビット変換値

プロビット変換値＝NORMSINV（比率）

正規分布曲線の面積と横軸 z の関係は、

　面積0.5のとき、 z は0

　面積0.5とは、 z がマイナス無限大（－∞）から0の間（または0から＋∞）の面積です。

　ちなみに、平均±1標準偏差の面積は0.6826（Ζが－1～＋1の面積、0～1の間の面積0.3413の2倍）、平均±2標準偏差の面積は0.9546（＝0.6826＋0.1360×2）です。

第 **3** 章

▼

重回帰分析

こういうときには
重回帰分析！

売上推移の上がり下がりだけを見て販売目標を立て、根性で目標をクリアするってのは、もう時代遅れだと思うよ。

そうだね。原因があっての結果だからね。売上という結果の原因となるいくつかの要素と、それぞれの影響力の強さを調べて、科学的根拠の元に目標と対策を立てねばね。

1 重回帰分析とは

（1）予測や関連性の説明などに使われる手法

重回帰分析は、何かを予測したり、関連性を説明したりする際に、最も一般的に使われる解析手法です。

重回帰分析では、定量的データを用い、変量間の関係を、原因と結果あるいは、ある事象と要因との関連として式で表します。

$$結果 = a_1 原因_1 + a_2 原因_2 + \cdots + a_n 原因_n + b$$

結果は、数量で表します。例えば、売上、消費や生産量など。

原因は、複数あり、原因1から原因nまであります。

$a_1 \sim a_n$は、それぞれの原因のウェイトです。原因の値の範囲が同じなら、ウェイトの絶対値が大きいと影響力がある（効果がある）といえます。

bは、定数です。

例えば、年収や年齢などによって特定商品の購入量が変化すると仮定するなら、年収や年齢などを説明変数（式の右辺）、特定商品の購入量を目的変数（式の左辺）とした重回帰式を求めます。

（2）重回帰分析に出てくる統計用語

重回帰式
- $Y = a_1 X_1 + a_2 X_2 + \cdots + a_n X_n + b$　で表わされる。

目的変数（**従属変数**または**被説明変数**ともいう）
- 結果となる変数（重回帰式のY）。

説明変数（独立変数ともいう）

- 原因となる変数（重回帰式の$X_1 \cdots X_n$）。

偏回帰係数

- 説明変数の係数（重回帰式のa_1、$\cdots a_n$）。
- 偏回帰係数の値は、説明変数の値の大きさとばらつきに影響される。
- 説明変数の影響力を調べるには、すべての説明変数の単位を等しくする標準化が必要。

標準化

- 平均0、標準偏差1のデータに変換すること。単位を統一することができる。

標準偏回帰係数

- 標準化した説明変数の回帰係数。
- 標準偏回帰係数の大小により、目的変数への影響力が比較できる。

重相関係数（R）

- 重回帰分析で得られた重回帰式の予測精度を示す指標。
- 観測値と予測値との相関係数。
- 相関係数は、＋1〜－1の間の数値。
- 観測値と予測値が同じなら＋1の値。

決定係数（R2乗値）

- 重相関係数の2乗の値。
- 重回帰分析で得られた重回帰式の予測精度を示す指標。
  重相関係数よりも、一般的に用いられている。
- 決定係数0.8以上ならよい精度、0.5以上なら、まあよい精度。

多重共線性（マルチコリニアリティ）

- 説明変数間の相関が極めて高い場合、偏回帰係数の誤差が大きくなり、回帰係数の値が信頼できない現象。
- 例えば売上の説明変数として売場面積と店員数の2変数を用い、売場面積の回帰係数がプラス、店員数がマイナスといった結果が出るよう

な場合。売場面積が広ければ店員が多く、店員が多ければ売場面積も広いという相関が高い関係があり、それぞれの売上への影響力がわかりにくくなってしまうというようなケース。片方が多ければ片方が少ないという関係や、説明変数が多すぎて互いの影響を打ち消しあう場合、標本抽出方法の歪みにより類似したデータが多数選ばれた場合なども同様のことが起きる可能性がある。
- 多重共線性への対策は、説明変数間の相関の高いものを用いないこと。

赤池の情報量規準（AIC）
- 回帰分析のモデルの適合度（あてはまりの良さ）を評価する基準。AICの値は小さいほどよい。
- 説明変数を選ぶための変数選択を行った際、それぞれのAICの値が最小になるモデルを採択することが考えられる。

変数増加法
- 目的変数と最も相関の高い説明変数が1つの単回帰式モデルから計算をスタートし、変数を1つずつ増加させる方法。

変数減少法
- 説明変数をすべて含む重回帰式モデルから計算をスタートし、変数を1つずつ減少させる方法。

変数増減法（ステップワイズ法）
- 重回帰式の説明変数を増減させる方法。
- 変数増加法、変数減少法、変数増減法で選択される変数が異なる場合もあり得る。

2 アウトプットの導き方

(1) 解析の手順
手順1：解析目的に応じて、目的変数と説明変数を決める
手順2：データを表形式にする
手順3：変量間の連関を散布図にして調べる
　　　　①全変数の組合せを散布図にする
　　　　②散布図とR2乗値、クロス集計結果などを見て、除外データや説明変数を選択
手順4：重回帰分析を実施する
　　　　①全変数で解析
　　　　②変数増減法（ステップワイズ法）などで解析
手順5：結果を選択する
　　　　最も合理的な重回帰式を選択
手順6：結果をグラフ化しコメントを入れる
　　　　予測値と実測値をグラフ化

(2) アウトプットまでの手順
手順1：解析目的に応じて、目的変数と説明変数を決める
　解析目的の例：顧客の総合満足度には、顧客の年齢、店までの距離、価格評価のどれが最も影響するかを検討する
　目的変数：総合満足度
　説明変数（独立変数）：顧客の年齢、店までの距離、価格評価得点

手順2：データを表形式にする

（注意：事例を示すために20サンプルで実施していますが、実際に解析する場合は、変数の数の10倍程度以上のサンプル数が必要です。この例では4変数なので、最低でも40サンプル以上必要です。他の解析手法についても同様です。）

No.	総合満足度 （満足5点… 不満1点）	年齢（歳）	店までの 距離（km）	価格評価 （よい5点… よくない1点）
1	2	20	4.5	2
2	5	53	1.5	5
3	2	42	3.8	3
4	2	29	3	2
5	3	30	2.7	3
6	4	25	1.2	3
7	3	40	3.9	4
8	2	19	4.3	2
9	4	44	3.4	5
10	2	28	4.4	2
11	2	31	3.7	3
12	3	40	3.1	4
13	4	49	4	4
14	3	36	2.3	4
15	2	21	5.3	2
16	3	34	3.5	4
17	3	20	2.9	3
18	2	27	4.1	2
19	4	43	2	4
20	4	43	3.2	4

手順3：変量間の連関を散布図にして調べる

①全変数の組合せを散布図にする

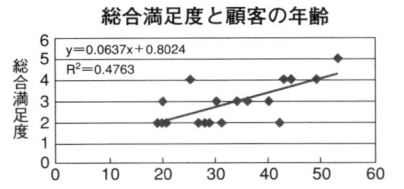

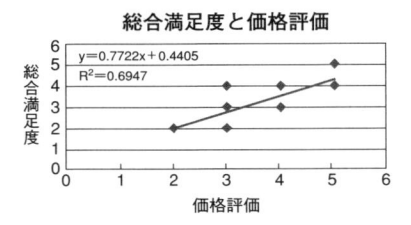

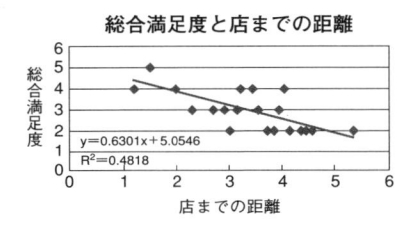

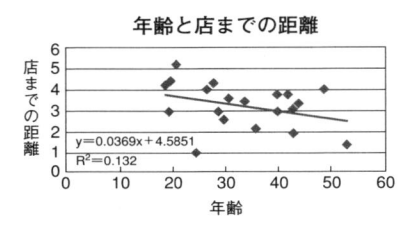

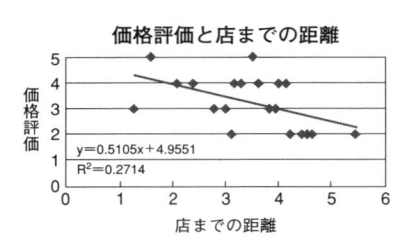

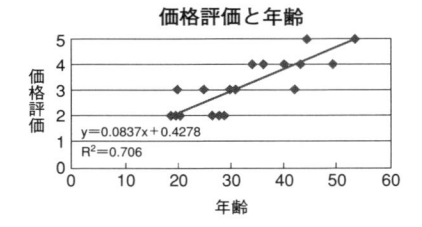

総合満足度と顧客の年齢
y＝0.0637x＋0.8024
R^2＝0.4763

総合満足度と価格評価
y＝0.7722x＋0.4405
R^2＝0.6947

総合満足度と店までの距離
y＝0.6301x＋5.0546
R^2＝0.4818

年齢と店までの距離
y＝0.0369x＋4.5851
R^2＝0.132

価格評価と店までの距離
y＝0.5105x＋4.9551
R^2＝0.2714

価格評価と年齢
y＝0.0837x＋0.4278
R^2＝0.706

②散布図とR2乗値、クロス集計結果などを見て、以下を判断し、除外データや説明変数を選択

・**散布図**

外れ値はないか？

→あれば解析対象から除外したほうがよいかどうか検討

・**R2乗値**

説明変数間で相関が高いものはないか？

（R2乗値は相関係数の2乗。相関係数は－1から1の間を取り、絶

対値が大であるほど相関が高い）

・**クロス集計**

5段階評価などカテゴリー値の場合、同一カテゴリーへの集中がないか、クロス集計結果で確認。

		価格評価					合計	
		よくない	あまりよくない	ふつう	ややよい	よい		
総合満足度	不満	0	0	0	0	0	0	度数
		0.0	0.0	0.0	0.0	0.0	0.0	%
	やや不満	0	6	2	0	0	8	
		0.0	75.0	25.0	0.0	0.0	100.0	
	どちらともいえない	0	0	2	4	0	6	
		0.0	0.0	33.3	66.7	0.0	100.0	
	やや満足	0	0	1	3	1	5	
		0.0	0.0	20.0	60.0	20.0	100.0	
	満足	0	0	0	0	1	1	
		0.0	0.0	0.0	0.0	100.0	100.0	
全体		0	6	5	7	2	20	
		0.0	30.0	25.0	35.0	10.0	100.0	

・**グラフにして眺めてみる**

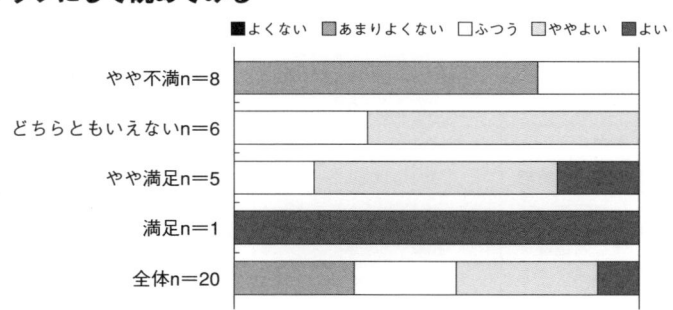

■よくない ■あまりよくない □ふつう ■ややよい ■よい

やや不満n＝8
どちらともいえないn＝6
やや満足n＝5
満足n＝1
全体n＝20

・**データのばらつきを確認**

標準偏差を計算（総合満足度0.94、価格評価1.02など）
標準偏差が大であるほどばらつきが大。ばらつきがないデータを解析することは無意味。

手順4：重回帰分析を実施する

①全数選択

まず全データを用いて重回帰分析する。

　　目的変数：総合満足度

　　説明変数：年齢、店までの距離、価格評価のデータ範囲を指定

●アウトプットの例

記述統計量

	平均値	標準偏差	N
総合満足度	2.95	0.9445	20
年齢	33.7	10.2295	20
店までの距離	3.34	1.0404	20
価格評価	3.25	1.0195	20

N：標本数
標準偏差：平均値からのばらつきの程度を表す
標準偏差＝$\sqrt{(各データの値－平均値)^2}$ の合計÷データ数
標準偏差が大きいほど平均からのばらつきが大

相関係数

		総合満足度	年齢	店までの距離	価格評価
ピアソンの相関	総合満足度	1	0.69	−0.694	0.833
	年齢	0.69	1	−0.363	0.84
	店までの距離	−0.694	−0.363	1	−0.521
	価格評価	0.833	0.84	−0.521	1
有意確率（片側）	総合満足度	.	0	0	0
	年齢	0	.	0.058	0
	店までの距離	0	0.058	.	0.009
	価格評価	0	0	0.009	.
N	総合満足度	20	20	20	20
	年齢	20	20	20	20
	店までの距離	20	20	20	20
	価格評価	20	20	20	20

相関係数：変数間の関連の強さを表す

相関係数は+1が最大、−1が最小

総合満足度に最も相関が高いのは価格評価

店までの距離はマイナスの相関

つまり距離が遠いほど満足度が低い

投入済み変数または除去された変数（b）

モデル	投入済み変数	除去された変数	方法
1	価格評価、店までの距離、年齢（a）	.	投入

　a 必要な変数がすべて投入された。　b 従属変数：総合満足度

ピアソンの相関：相関係数といえばピアソンが考えたものが代表。
有意確率：0.05以下だと統計的に意味がある。
従属変数：説明変数のこと（統計ソフトによって表現が異なる）。

モデル集計（b）

モデル	R	R2乗	調整済みR2乗	推定値の標準誤差
1	0.888(a)	0.788	0.749	0.4735

a 予測値：（定数）、価格評価、店までの距離、年齢
b 従属変数：総合満足度

> R：重相関係数
> 重回帰式のあてはまりの良さを示す
> 1に近いほどあてはまりがよい

分散分析（b）

モデル		平方和	自由度	平均平方	F値	有意確率
1	回帰	13.362	3	4.454	19.865	.000(a)
	残差	3.588	16	0.224		
	全体	16.95	19			

a 予測値：（定数）、価格評価、店までの距離、年齢
b 従属変数：総合満足度

> 有意確率：仮説「求めた重回帰式の説明変数は予測に役立たない」確率
> 有意確率が0.05より小なら予測に役立つ

係数（a）

モデル		非標準化係数		標準化係数	t	有意確率	共線性の統計量	
		B	標準誤差	ベータ			許容度	VIF
1	（定数）	2.075	0.718		2.889	0.011		
	年齢	5.29E-03	0.02	0.057	0.267	0.793	0.286	3.492
	店までの距離	-0.329	0.124	-0.363	-2.656	0.017	0.71	1.409
	価格評価	0.553	0.217	0.596	2.543	0.022	0.24	4.16

a 従属変数：総合満足度

> B（偏回帰係数）より、重回帰式は
>   Y（総合満足度）＝0.005×年齢－0.329×店までの距離＋0.553×価格評価＋2.075
> 有意確率は0.05以下のものを選定することが望ましい。
> これをみると、価格評価と店までの距離が満足度に影響し、年齢はあまり影響しない
> 多重共線性の統計量：説明変数間の相関（線形の関係）の程度を示す。 VIF＝1÷許容度
> 許容度の値が小さくVIFが大であれば、他の説明変数との多重共線性がある可能性を考える

多重共線性の診断（a）

モデル	次元	固有値	条件指標	分散の比率			
				（定数）	年齢	店までの距離	価格評価
1	1	3.809	1	0	0	0	0
	2	0.161	4.86	0	0.02	0.21	0.03
	3	1.87E-02	14.26	0.62	0.39	0.39	0.03
	4	1.05E-02	19.01	0.37	0.58	0.4	0.94

a 従属変数：総合満足度

> 条件指標が大ほど多重共線性の可能性。
> 次元4の条件指標が大。
> 分散の比率を見ると価格評価と年齢の比率が大
> 多重共線性を避けるなら、どちらかの変数を式から除外
> 除外するなら有意確率が大きい年齢を除外する

②変数増減法（ステップワイズ法）

同様にして、変数増減法（ステップワイズ法）で重回帰分析を行う。

相関係数

		総合満足度	店までの距離	価格評価
ピアソンの相関	総合満足度	1	−0.694	0.833
	店までの距離	−0.694	1	−0.521
	価格評価	0.833	−0.521	1
有意確率（片側）	総合満足度	.	0	0
	店までの距離	0	.	0.009
	価格評価	0	0.009	.
N	総合満足度	20	20	20
	店までの距離	20	20	20
	価格評価	20	20	20

→ 総合満足度の説明変数として、店までの距離と価格評価が選択され、年齢は除去された

モデル集計（c）

モデル	R	R2乗	調整済みR2乗	推定値の標準誤差
1	.833(a)	0.695	0.678	0.5362
2	.887(b)	0.787	0.762	0.4604

a 予測値：(定数)、価格評価
b 予測値：(定数)、価格評価, 店までの距離
c 従属変数：総合満足度

→ R2乗値はモデル式2が1に近い
価格評価、店までの距離を説明変数とする式のほうがあてはまりがよい
分散分析の表（省略）で式の有意確率もチェック。0.05以下で予測に有効

係数（a）

モデル		非標準化係数 B	非標準化係数 標準誤差	標準化係数 ベータ	t	有意確率	多重共線性の統計量 許容度	多重共線性の統計量 VIF
1	(定数)	0.441	0.41		1.074	0.297		
	価格評価	0.772	0.121	0.833	6.4	0	1	1
2	(定数)	2.081	0.698		2.982	0.008		
	価格評価	0.6	0.121	0.648	4.944	0	0.729	1.373
	店までの距離	−0.324	0.119	−0.357	−2.723	0.014	0.729	1.373

a 従属変数：総合満足度

B（偏回帰係数）より、重回帰式は
モデル式1　Y（総合満足度）＝0.772×価格評価＋0.441
モデル式2　Y（総合満足度）＝0.6×価格評価−0.324×店までの距離＋2.081
有意確率はモデル式1の定数項以外は0.05以下で問題なし
モデル式2のほうがあてはまりがよい

3 結果の解釈の仕方

手順5：結果を選択する

最も合理的な式を選択。

3つの式の精度と多重共線性を考慮して下式を選択。

Y（総合満足度）＝0.6×価格評価－0.324×店までの距離＋2.081

R=0.887、R2乗＝0.787

手順6：結果をグラフ化しコメントを入れる

実測値と予測値をX軸とY軸にして散布図グラフにし、実測値と予測値の境界線を描くとわかりやすい。

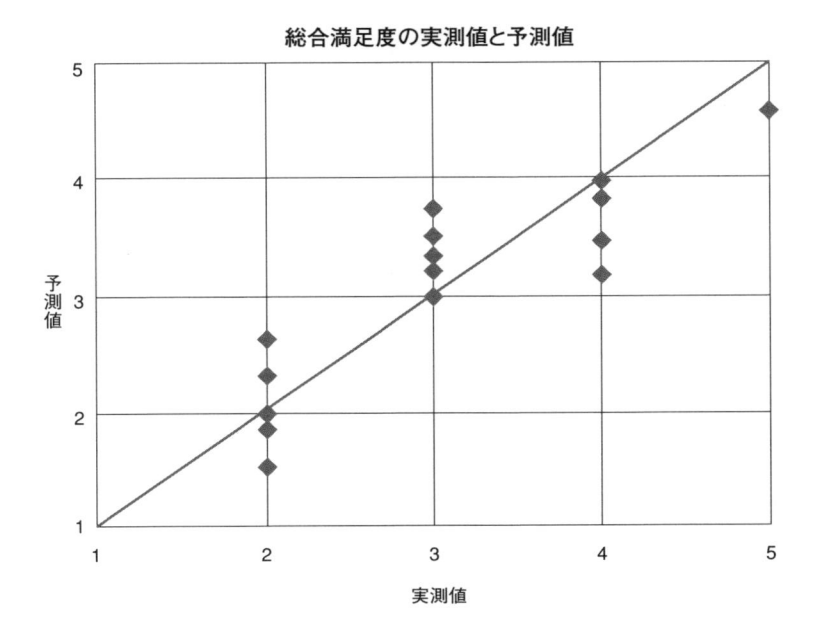

総合満足度の実測値と予測値

[コメントの例]
- 総合満足度の予測式は以下のとおり。
    Y＝0.6×価格評価－0.324×店までの距離＋2.081
- 決定係数R2乗値=0.787で精度はよいといえる。
- 総合満足度には価格評価と店までの距離による影響が大きい。
- 価格評価が高く、店までの距離が近いほど、総合満足度が高い。
- 総合満足度を高める対策を検討するには、さらに追加アンケートなどを実施して、以下のことを調査する必要があろう。
    ・年齢が高いほど価格評価が高い傾向があるが、価格評価を左右する要因は何か。
    ・店までの距離が遠いと総合満足度が低いのは競合店の影響か。

第4章

数量化I類

> こういうときには
> 数量化Ⅰ類！

様々な個人属性の、何が購入金額にいちばん影響するのか知りたい。
個人特性から購入金額を予測して、売上予測も立てたい。

見込み客層かどうかは年収や年齢だけではなかなかわからないからね。居住地や職業やライフスタイルなど色々なカテゴリーデータとの関係を調べたほうがいいね。

1 数量化Ⅰ類とは

(1) カテゴリーデータにもとづいて予測する手法

数量化Ⅰ類は、カテゴリーデータ（定性的データ）にもとづく予測モデルで、広告注目率の把握や製品価格評価などに適用されています。

数量化Ⅰ類は、目的変数（結果となるもの）を定量的に予測する点で重回帰分析と似ていますが、説明変数（結果に影響を与えるもの）がすべてカテゴリーデータの場合に利用します。

例えば、個人特性をもとにした購入額、購入率、広告注目率などの予測、商品・サービス項目別評価をもとにした顧客満足度、希望価格などの予測に用いることができます。

説明変数にカテゴリーデータを用いるのが数量化の特徴で、カテゴリーデータを0（非該当）か1（該当）のダミー変数として数量化することにより、定量的データと同様の解析を可能にしています。

数量化理論には、重回帰分析に相当する数量化Ⅰ類のほか、判別分析に相当する数量化Ⅱ類、主成分分析・因子分析に相当する数量化Ⅲ類、多次元尺度法（MDS）に相当する数量化Ⅳ類などがあります。

数量化Ⅰ類とは

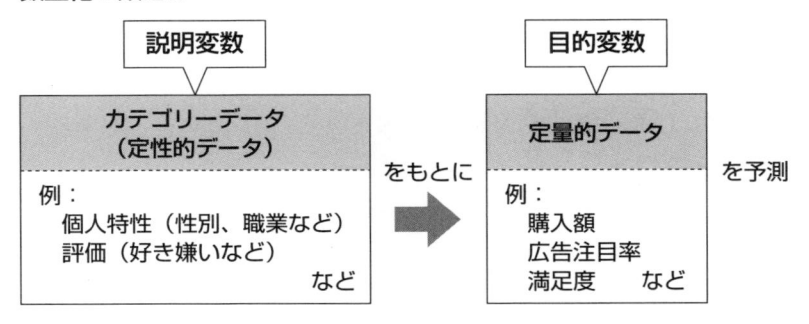

説明変数		目的変数	
カテゴリーデータ（定性的データ） 例： 　個人特性（性別、職業など） 　評価（好き嫌いなど） 　　　　　　　　　　など	をもとに →	定量的データ 例： 　購入額 　広告注目率 　満足度　　など	を予測

数量化Ⅰ類の式は、重回帰式と同様です。

> $Y = \bar{y} + a_1 X_{11} + a_2 X_{12} + b_1 X_{21} + b_2 X_{22} + b_3 X_{23}$
>
> Y：目的変数（例えば、商品Aの購入金額）
>
> $\bar{y}$：目的変数Yの平均値
>
> a_1：説明変数aの第1カテゴリーの回帰係数
>
> 　　　（数量化Ⅰ類では、カテゴリースコアと称します）
>
> a_2：説明変数aの第2カテゴリーのカテゴリースコア
>
> X_{11}、X_{12}：説明変数X_1のカテゴリー
>
> 　　　（例えば男性は$X_{11}=1$、$X_{12}=0$、女性は$X_{11}=0$、$X_{12}=1$）
>
> b_1：説明変数bの第1カテゴリーのカテゴリースコア
>
> b_2：説明変数bの第2カテゴリーのカテゴリースコア
>
> b_3：説明変数bの第3カテゴリーのカテゴリースコア
>
> X_{21}、X_{22}、X_{23}：説明変数X_2のカテゴリー
>
> 　　　（例えば有職自営は$X_{21}=1$、$X_{22}=0$、$X_{23}=0$、
>
> 　　　　有職勤めは$X_{21}=0$、$X_{22}=1$、$X_{23}=0$、
>
> 　　　　無職は$X_{21}=0$、$X_{22}=0$、$X_{23}=1$）

予測式の答えは、該当するカテゴリースコアを加算して求めます。
男性で有職者・勤めの予測式は次のようになります。

$Y = \bar{y} + a_1 \times 1 + a_2 \times 0 + b_1 \times 0 + b_2 \times 1 + b_3 \times 0$

$ = \bar{y} + a_1 + b_2$

（2）数量化Ⅰ類に出てくる統計用語

カテゴリースコア

- どの項目が予測に影響しているかの指標。
- 項目（説明変数、アイテム）ごとにカテゴリースコアのレンジ（最大値−最小値）が算出される。

- カテゴリースコアの絶対値が大きいほど目的変数への影響が大きい。

アイテムレンジ
- アイテムのカテゴリースコアの最大値と最小値の範囲（最大値－最小値）。レンジを見て、どのアイテムが予測に影響をもつかを判断する。

サンプルスコア
- 数量化Ⅰ類では、標本ごとの予測値（推計値）をサンプルスコアと称する。

偏相関
- 目的変数Yと複数の説明変数X_1とX_2があるとき、変数YとX_1のそれぞれからX_2の影響を除いて求めたYとX_1の相関係数のこと。

重相関係数（R）
- 得られた予測式の予測精度を示す指標。
- 観測値と予測値との相関係数。
- 相関係数は、＋1〜－1の間の数値。
- 観測値と予測値が同じなら＋1の値。

決定係数（R2乗値）
- 重相関係数の2乗の値。
- 得られた予測式の予測精度を示す指標。
- 重相関係数よりも一般的に用いられている。
- 決定係数0.8以上ならよい精度、0.5以上なら、まあよい精度。

外的基準
- 重回帰分析の目的変数のこと。

2 アウトプットの導き方

（1）解析の手順
　手順1：解析目的に応じて、目的変数と説明変数を決める
　手順2：データを表形式にする
　　　　　（説明変数はカテゴリーデータ）
　手順3：予備分析（変数間のクロス集計など）を行う
　手順4：数量化Ⅰ類を実施する
　　　　　予測精度を決定係数で判断
　手順5：結果を解釈しコメントを入れる
　　　　　カテゴリースコアのレンジをグラフ化
　　　　　予測値と観測値をグラフ化

（2）アウトプットまでの手順
手順1：解析目的に応じて、目的変数と説明変数を決める
　解析目的の例：販促策を検討するため、顧客リストをもとに、顧客の個人特性と購入金額との関係を調べる。
　目的変数：購入金額
　説明変数：顧客の年齢、居住地、職業、家族構成

データカテゴリー例

カテゴリーNo.	年齢層	居住地	職業	家族構成	主な商品情報源
1	20歳代	千葉県	事務系勤め人	単身	新聞広告
2	30歳代	埼玉県	労務系勤め人	夫婦のみ	テレビCM
3	40歳代	神奈川県	管理職・自由業	2世代	チラシ
4	50歳代	東京都	商工自営	3世代	インターネット
5	60歳代	その他	その他	その他	口コミ

カテゴリーNo.	世帯年収	商品購入額
1	300万円未満	単位千円
2	300〜500万円未満	
3	500〜800万円未満	
4	800〜1000万円未満	
5	1000万円以上	

手順2:データを表形式にする

データ例

No.	年齢層	居住地	職業	家族構成	主な商品情報源	世帯年収	商品購入額（目的変数）
1	5	3	2	2	3	5	2
2	2	1	1	4	1	1	1
3	4	4	4	2	3	4	7
4	3	2	4	3	4	2	6
5	1	1	3	1	4	1	3
6	3	3	2	1	3	2	2
7	3	5	1	2	1	2	6
8	3	2	2	1	3	3	3
9	4	1	3	3	3	5	6
10	1	2	4	4	2	2	2
11	3	3	3	2	3	4	5
12	5	1	4	2	3	4	7
13	2	2	3	2	1	3	3
14	3	1	2	3	3	4	1
15	3	4	3	1	3	3	9
16	2	3	4	2	5	3	2
17	1	3	1	2	2	2	3
18	2	4	3	3	1	2	4
19	3	4	2	3	1	3	6
20	4	4	3	1	4	2	10
21	4	5	2	4	4	4	2
⋮	⋮	⋮	⋮	⋮	⋮	⋮	⋮

第4章 ◎ 数量化Ⅰ類

手順3：予備分析を行う（重回帰分析の手順3、68ページを参照）

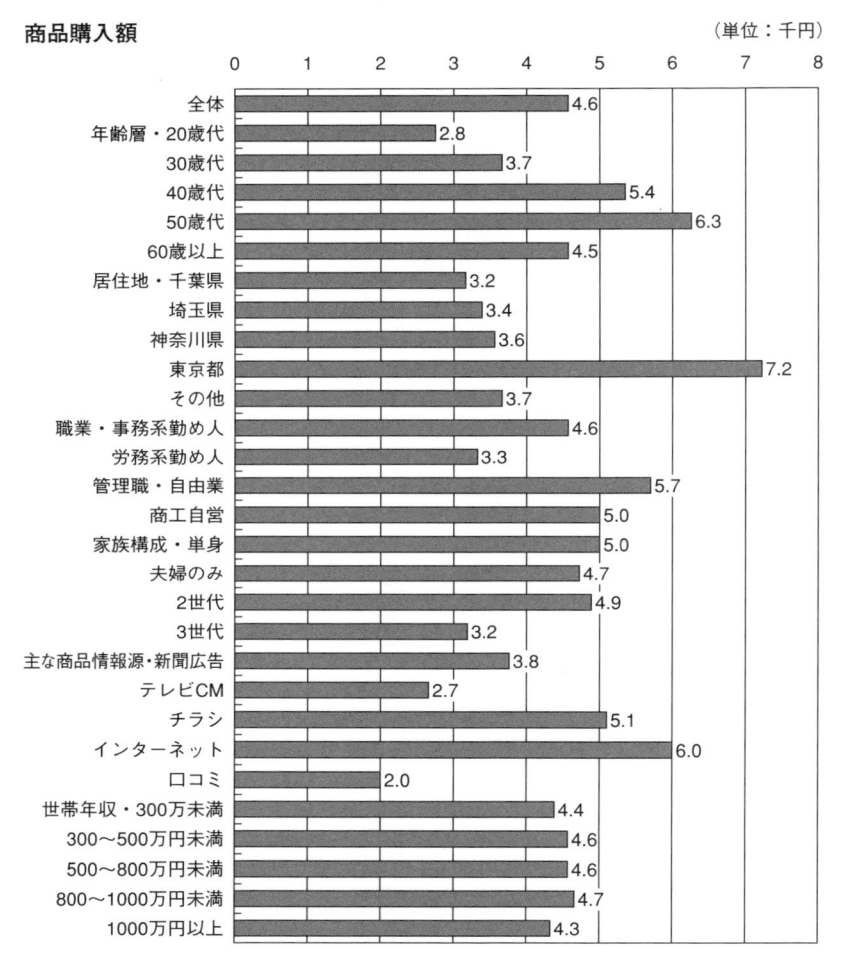

商品購入額 （単位：千円）

全体	4.6
年齢層・20歳代	2.8
30歳代	3.7
40歳代	5.4
50歳代	6.3
60歳以上	4.5
居住地・千葉県	3.2
埼玉県	3.4
神奈川県	3.6
東京都	7.2
その他	3.7
職業・事務系勤め人	4.6
労務系勤め人	3.3
管理職・自由業	5.7
商工自営	5.0
家族構成・単身	5.0
夫婦のみ	4.7
2世代	4.9
3世代	3.2
主な商品情報源・新聞広告	3.8
テレビCM	2.7
チラシ	5.1
インターネット	6.0
口コミ	2.0
世帯年収・300万未満	4.4
300～500万円未満	4.6
500～800万円未満	4.6
800～1000万円未満	4.7
1000万円以上	4.3

手順4：数量化Ⅰ類を実施する

予測精度を決定係数で判断する。

決定係数（重相関係数の2乗）が1に近いほど精度がよい。

重相関係数	0.9282
重相関係数の2乗	0.8615

決定係数0.8以上なのでよい精度

3 結果の解釈の仕方

手順5：結果を解釈しコメントを入れる

カテゴリースコアのレンジをグラフ化する。

アイテム	レンジ	単相関	偏相関
年齢層	9.1111	0.3171	0.8724
居住地	4.3636	0.5497	0.8503
職業	2.0931	0.3365	0.6230
家族構成	2.9937	0.1349	0.7336
主な商品情報	8.5952	0.0044	0.8507
世帯年収	1.7713	−0.0441	0.5149

アイテムレンジ

（年齢層、居住地、職業、家族構成、主な商品情報源、世帯年収の横棒グラフ）

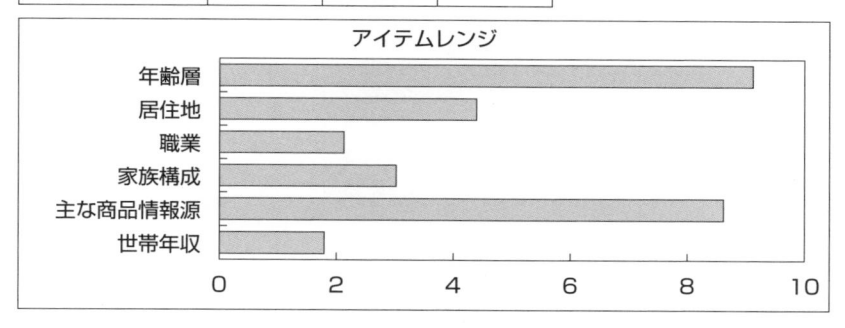

> アイテムレンジをみると、商品購入額に最も影響が大きいのは年齢層、ついで主な商品情報源。

第4章◎数量化Ⅰ類

理論値（サンプルスコア、予測値）と観測値を散布図としてグラフ化する。

サンプルNo.	観測値	理論値	残差
1	2	3.2914	−1.2914
2	1	2.3018	−1.3018
3	7	6.8468	0.1532
4	6	7.0629	−1.0629
5	3	3.0000	0.0000
6	2	2.1051	−0.1051
7	6	4.4907	1.5093
8	3	3.5943	−0.5943
9	6	4.9021	1.0979
10	2	1.2018	0.7982
11	5	4.8183	0.1817
12	7	5.7086	1.2914
13	3	3.5221	−0.5221
14	1	2.9364	−1.9364
15	9	9.0910	−0.0910
16	2	2.0000	0.0000
17	3	2.9492	0.0508
18	4	4.0757	−0.0757
19	6	4.7926	1.2074
20	10	10.5907	−0.5907
21	2	2.6603	−0.6603
22	6	5.0295	0.9705
⋮	⋮	⋮	⋮

理論値（数量化Ⅰ類で推計した値）＝観測値の位置が中央の対角線上
精度がよいので、ほぼ対角線の附近に分布している。

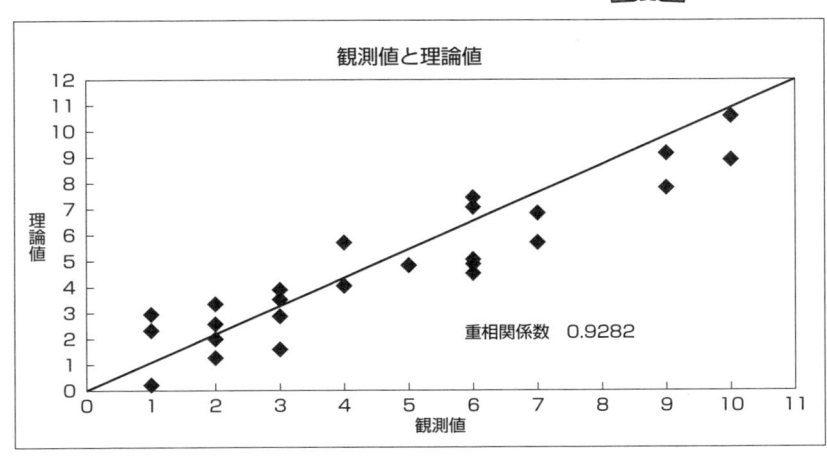

観測値と理論値

重相関係数　0.9282

カテゴリースコア

アイテム	カテゴリー	カテゴリースコア
年齢層	20歳代	−6.8786
	30歳代	−0.0481
	40歳代	2.2325
	50歳代	0.3338
	60歳以上	1.0273
居住地	千葉県	0.4665
	埼玉県	−1.1055
	神奈川県	−2.0654
	東京都	2.2982
	その他	−1.1656
職業	事務系勤め人	0.1757
	労務系勤め人	−1.1947
	管理職・自由業	0.8984
	商工自営	0.4620
家族構成	単身	0.5304
	夫婦のみ	1.2647
	2世代	−1.0561
	3世代	−1.7290
主な商品情報源	新聞広告	−2.1099
	テレビCM	6.3595
	チラシ	−1.4910
	インターネット	2.4366
	口コミ	−2.2357
世帯年収	300万円未満	0.9801
	300〜500万円未満	−0.4733
	500〜800万円未満	0.0559
	800〜1000万円未満	−0.5875
	1000万円以上	1.1838
定数項（平均）		4.5667

購入金額の予測値は、定数項＋各カテゴリースコアの合計

例えば20歳代、千葉県、事務系勤め人、単身、インターネットが情報源、年収400万円の場合、
購入金額＝
4.5667−6.8786＋0.4665＋0.1757＋0.5304＋2.4366−0.4733＝0.824（千円）

最も購入額が高いと予測されるのは、
主な商品情報源がテレビCM、居住地が東京都、年齢40歳代、夫婦のみ世帯、管理職・自由業、年収1000万円以上

年齢層のアイテムレンジは、
年齢層の最大値−最小値
2.2325−(−)6.8786
＝9.1111

第4章 ◎ 数量化Ⅰ類

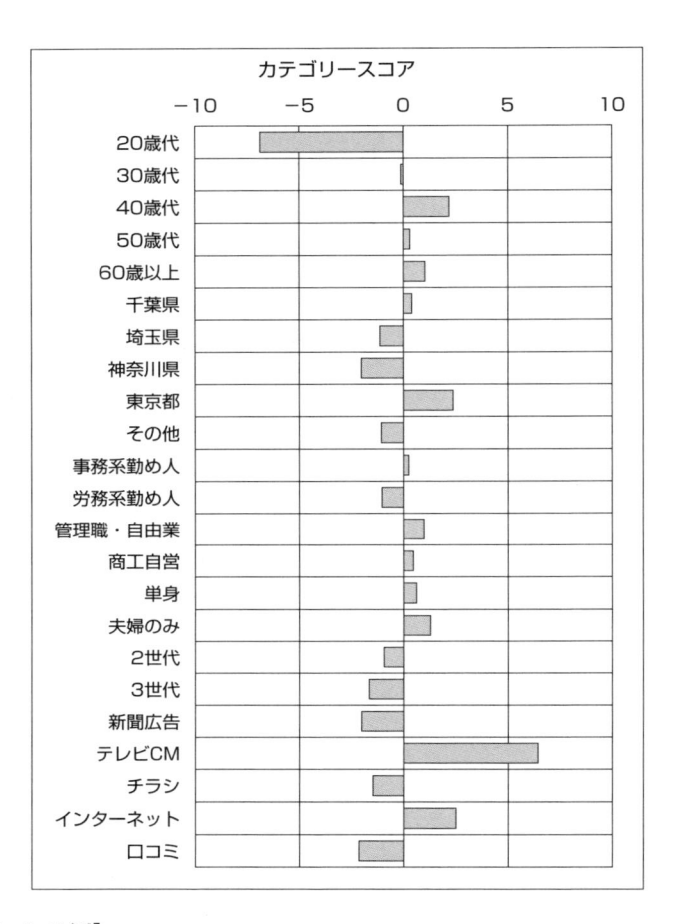

	カテゴリースコア
20歳代	▬▬▬▬▬▬
30歳代	ǀ
40歳代	▬▬
50歳代	ǀ
60歳以上	▬
千葉県	ǀ
埼玉県	▬
神奈川県	▬
東京都	▬▬
その他	▬
事務系勤め人	ǀ
労務系勤め人	▬
管理職・自由業	▬
商工自営	▬
単身	▬
夫婦のみ	▬
2世代	▬
3世代	▬
新聞広告	▬
テレビCM	▬▬▬▬
チラシ	▬
インターネット	▬▬
口コミ	▬

[コメントの例]

- 商品購入額に最も影響が大きいのは年齢層、主な商品情報源、次いで居住地。（アイテムレンジの大きい順に記述）
- 最もカテゴリースコアが高いのは、主な商品情報源がテレビCM、次いで主な商品情報源がインターネット。
- 最もカテゴリースコアが低いのは20歳代、次いで主な商品情報源が口コミ。
- 若者向けにはインターネット広告などによる販促策が考えられる。

第5章

▼

プロビット分析

こういうときには
プロビット分析！

この商品、広告しだいでもっと売れると思うけど、どんな広告にすればいいんだろう？

販売ターゲット層の意識や行動を調べて、それに適した広告を考える必要があるね。
購入率の高い人やグループは、どんな属性や意識・行動をとっているのか、どんなことが購入率にいちばん影響するのか、総合的に把握したいね。

1 プロビット分析とは

(1) 0～1の比率を予測する手法

プロビット分析は、0～1の間の比率を予測する解析手法です。満足者率、購入率、広告注目率、成功率、合格率など、目的変数が100％を超えないものの予測に有効なツールです。

プロビットとは、目的変数をプロビット変換することに由来しています。**プロビット変換**とは、比率を正規分布曲線の面積とみなし、面積に対応する標準得点 z（プロビット値）に変換することです（90ページ参照）。

プロビット分析では、重回帰分析と同様に定量的データを用い、変量間の関係を式で表しますが、目的変数は、ある事象の比率です。

> ある事象の比率 $Y = a_1 要因_1 + a_2 要因_2 + \cdots + a_n 要因_n + b$
> $a_1 \sim a_n$ はそれぞれの原因のウェイト、b は定数
> $0 \leq 目的変数 Y \leq 1$

プロビット分析では、目的変数Yは比率となり、さらに、比率の大きさに制限があります。

例えば、年収や年齢などによって商品Aの購入率が変化すると仮定するなら、年収や年齢などを説明変数（式の右辺）、商品Aの購入率を目的変数（式の左辺）としたプロビット分析を行います。

(2) プロビット分析に出てくる統計用語

プロビット変換

- 目的変数となる比率を正規分布曲線の面積とみなし、面積に対応する標準得点 z（プロビット値）に変換すること。
- プロビット値を求める Excel 関数は NORMSINV（比率）。
- プロビット値から比率を求める Excel 関数は NORMSDIST（プロビット値）。

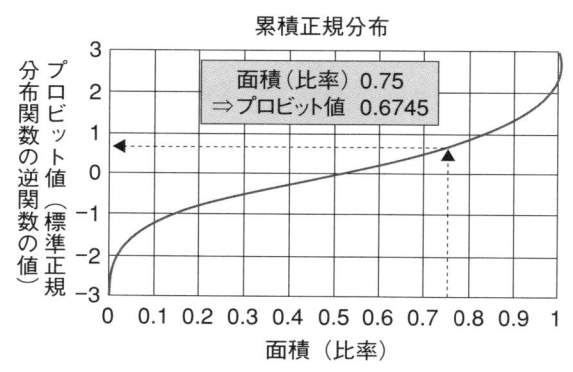

プロビット変換のイメージ

累積正規分布

面積（比率）0.75
⇒プロビット値 0.6745

分布関数の逆関数の値／プロビット値（標準正規の値）

面積（比率）

プロビット値 0 は、比率 0.5 である。この特性を利用すれば求めた回帰式の左辺を 0 としたときの説明変数の値を試算できる。

最尤法

- 最尤（さいゆう）推計法の略称。プロビット分析の回帰係数は、最尤法を用いて計算している。
- 最尤法は、母数の点推定をする方法で、母集団の分布形がわかっているとき、標本値からその母数を決めようとする手法。最も起こりうる関係を満たす値が最尤推定値となる。
- 一方、重回帰分析の回帰係数は最小 2 乗法を用いて計算する。なお、最小 2 乗法は、観測値と予測値の残差の 2 乗を最小にする方法。
- プロビット分析の回帰式

    $Probit(Y) = a_1X_1 + a_2X_2 + \cdots + a_nX_n + b$　のように表す。

点推定：特定の値をピンポイントで推定。区間で推定する方法もある。

目的変数
- 結果となる変数（回帰式のY）で、Yは$0 \leq $目的変数$Y \leq 1$の範囲。

説明変数
- 原因となる変数（回帰式の$X_1 \cdots X_n$）。

回帰係数
- 説明変数の係数（回帰式の$a_1 \cdots a_n$）。

Coeff./S.E.（重回帰分析の回帰係数のt値＝回帰係数÷標準誤差）
- 回帰係数が0でないことを検定することにより、説明変数として適切な変数であるかどうかを検定。Coeff./S.E.が1.96より大であれば、回帰係数に意味がある、つまり、説明変数として不適切でない。

ピアソンの適合度検定（カイ2乗検定）
- 求めたプロビットモデルのあてはまりを検定するもの。
- 仮説H_0は「求めたモデル式はあてはまっている」なので、カイ2乗値の有意確率が0.05以上であれば、仮説H_0は捨てられない。つまり、モデル式のあてはまりがよいとみなす。

平行性の検定
- 予測グループごとにプロビット分析を適用した場合、回帰式に共通の回帰係数を当てはめてよいかを検定する。
- 平行性の検定の仮説H_0は「各グループの回帰係数は等しい」なので、検定統計量の有意確率Pが0.05以上であれば仮説H_0は棄てられない、つまり、回帰係数は各グループで同じでよいことを意味する。

観測値と推定値
- 観測値＝実際の値、推定値＝回帰式で求めた値。

決定係数（R2乗値）
- プロビット分析で得られた回帰式の予測精度を示す指標。
- 決定係数は、重相関係数の2乗の値。
- 重相関係数は観測値と予測値との相関係数で、＋1〜−1の間の数値。
- 決定係数が0.8以上あればよい精度、0.5以上ならばまあよい精度。

2 アウトプットの導き方

(1) 解析の手順

手順1：解析目的に応じて、目的変数と説明変数を決める

手順2：データを表形式にする

手順3：予備分析を行う（変量間の関連を散布図にして調べる）
　　　　①全変数の組合せを散布図にする
　　　　②散布図とR2乗値、クロス集計結果などを見て、除外データや説明変数を選択

手順4：プロビット分析を実施する
　　　　（まず重回帰分析で変数を絞り込んでからプロビット分析を実施するのが望ましい）

手順5：結果を選択する（予測精度の検討）
　　　　最も合理的な計算結果を選択

手順6：結果をグラフ化しコメントを入れる
　　　　予測値と実測値をグラフ化

(2) アウトプットまでの手順

手順1：解析目的に応じて、目的変数と説明変数を決める

　解析目的の例：外来患者の満足者率に、待ち時間や診察時間がどの程度影響するかを検討する。

　目的変数：満足者率

　説明変数（独立変数）：診察時間、待ち時間

手順2:データを表形式にする

病院(グループ)	標本数	診察時間	待ち時間	満足者数	満足者率
1	28	10	12	19	0.68
1	29	10	14	24	0.83
1	28	10	15	24	0.86
1	29	9	19	21	0.72
1	30	8	24	13	0.43
2	18	5	34	4	0.22
2	22	6	32	8	0.36
2	20	8	25	7	0.35
2	18	9	20	11	0.61
2	20	9	20	13	0.65
3	18	9	13	12	0.67
3	18	9	16	10	0.56
3	19	9	19	12	0.63
3	19	9	21	10	0.53
3	20	8	25	11	0.55
4	23	10	10	17	0.74
4	23	9	13	10	0.43
4	23	9	16	12	0.52
4	23	8	18	14	0.61
4	23	7	25	9	0.39

手順3:予備分析を行う(変量間の関連を散布図にして調べる)

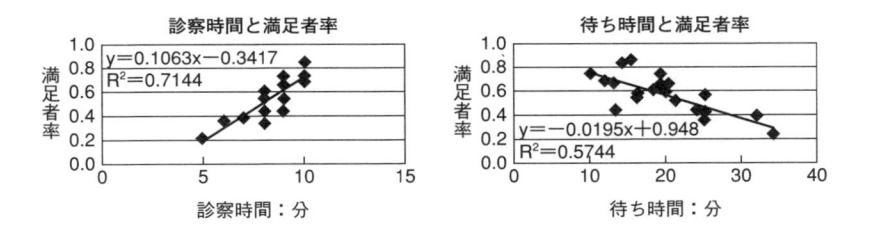

診察時間と満足者率
$y = 0.1063x - 0.3417$
$R^2 = 0.7144$

待ち時間と満足者率
$y = -0.0195x + 0.948$
$R^2 = 0.5744$

　このデータでは診察時間と待ち時間の相関係数が−0.91である。相関の大きい変数を用いると多重共線性(重回帰分析参照)が発生するため、説明変数として診察時間を選定した。

手順4:プロビット分析を実施する

散布図から、診察時間と満足者率との関係が強いと判断。
〔R2乗値が0.8以上あればよい精度、0.5以上ならばまあよい精度〕
目的変数:満足者率
説明変数:診察時間　でプロビット分析を実施

●アウトプット例(SPSSの例)
Parameter Estimates (PROBIT model:(PROBIT(p))= Intercept ＋ BX):

回帰係数(Regression Coeff.)		標準誤差(Standard Error)	Coeff./S.E.
診察時間	.26840	.05982	4.48676
hospital	切片 (Intercept)	Standard Error	Intercept/S.E.
A病院	－1.97453	.56810	－3.47564
B病院	－2.15339	.46691	－4.61204
C病院	－2.14282	.54139	－3.95802
D病院	－2.20682	.52689	－4.18843

適合度検定Pearson Goodness－of－Fit Chi Square＝13.893　自由度DF＝15　有意確率P＝.534
平行性の検定Parallelism Test Chi Square＝2.330　　　　　自由度DF＝3　有意確率P＝.507

●アウトプットの意味

　回帰係数(Regression Coeff.)は0.26840

　Coeff./S.E.と Intercept/S.E.は、係数÷標準誤差と切片÷標準誤差で、回帰係数が説明変数として適切な変数かを検定している。

　Coeff./S.E＞1.96(絶対値が1.96より大)なので、回帰係数に意味がある、つまり、説明変数として不適切でないことになる。

適合度検定:有意確率Pが0.05以上なので、モデル式にあてはまっている。

平行性の検定:有意確率0.05以上なので、診察時間の回帰係数0.2684は4グループで同じでよい。

　アウトプットより、回帰式は以下のようになります。
　A病院　Probit(P$_A$)＝0.26840×診察時間－1.97453

B病院　Probit（P_B）=0.26840×診察時間 − 2.15339

C病院　Probit（P_C）=0.26840×診察時間 − 2.14282

D病院　Probit（P_D）=0.26840×診察時間 − 2.20682

満足者人数の観測値と推計値がアウトプットされます。

観測値と推計値（Observed and Expected Frequencies）

標本数	アウトプット		アウトプットより計算	
	満足者人数の		満足者率の	
	観測値 (Observed Responses)	推計値 (Expected Responses)	観測値	推計値
	x	y	x	y
28	19	21.31	0.68	0.76
29	24	22.07	0.83	0.76
28	24	21.31	0.86	0.76
29	21	19.44	0.72	0.67
30	13	17.06	0.43	0.57
18	4	3.75	0.22	0.21
22	8	6.46	0.36	0.29
20	7	9.95	0.35	0.50
18	11	10.86	0.61	0.60
20	13	12.07	0.65	0.60
18	12	10.94	0.67	0.61
18	10	10.94	0.56	0.61
19	12	11.54	0.63	0.61
19	10	11.54	0.53	0.61
20	11	10.04	0.55	0.50
23	17	15.72	0.74	0.68
23	10	13.40	0.43	0.58
23	12	13.40	0.52	0.58
23	14	10.95	0.61	0.48
23	9	8.54	0.39	0.37

次に、満足者率も算出し、散布図を描き、精度をR2乗値で検討します。

手順5：結果を選択する（予測精度の検討）

満足者人数と満足者率について、観測値と推計値を散布図にして、精度をみます。

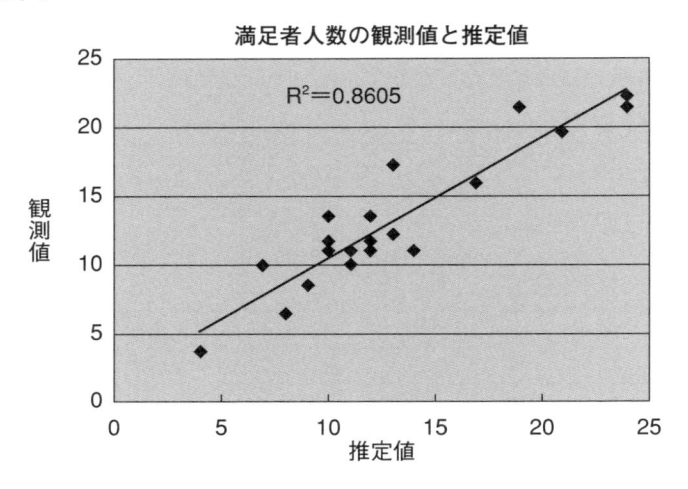

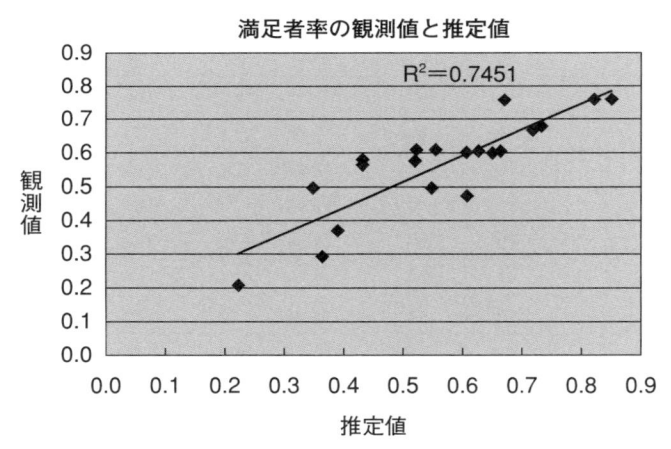

満足者人数の観測値と推定値

$R^2 = 0.8605$

満足者率の観測値と推定値

$R^2 = 0.7451$

満足者人数で散布図を描くと、R2乗値（決定係数）は0.8以上、満足者率では0.75となり、満足者人数で説明したほうがよさそうです。

3 結果の解釈の仕方

手順6：結果をグラフ化しコメントを入れる

推計結果

標本数	満足者人数	
	観測値 (Observed Responses) x	推計値 (Expected Responses) y
28	19	21.31
29	24	22.07
28	24	21.31
29	21	19.44
30	13	17.06
18	4	3.75
22	8	6.46
20	7	9.95
18	11	10.86
20	13	12.07
18	12	10.94
18	10	10.94
19	12	11.54
19	10	11.54
20	11	10.04
23	17	15.72
23	10	13.40
23	12	13.40
23	14	10.95
23	9	8.54

［コメントの例］

- 満足者数は、待ち時間より診察時間との相関が高い。
- 診察時間をもとにした満足者数の推計式は以下のとおり。

　　A病院　　Probit（P_A）＝0.26840×診察時間－1.97453

　　B病院　　Probit（P_B）＝0.26840×診察時間－2.15339

　　C病院　　Probit（P_C）＝0.26840×診察時間－2.14282

　　D病院　　Probit（P_D）＝0.26840×診察時間－2.20682

満足者人数の観測値と推定値

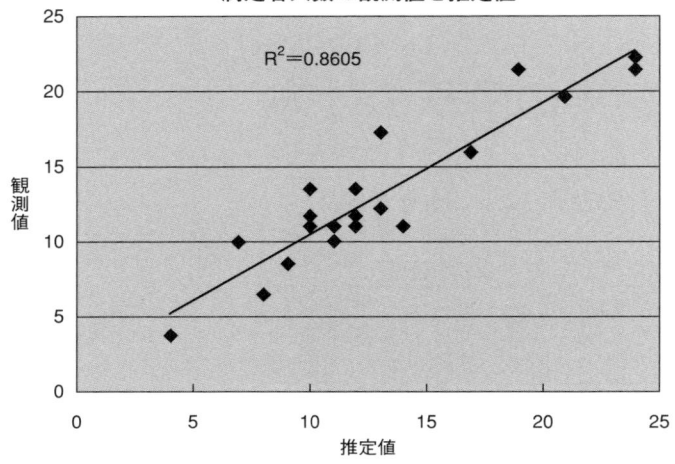

$R^2 = 0.8605$

- 患者を満足させるには、診察を丁寧に行い、結果として診察時間を長くすることである。待ち時間を短くすることも必要だが、患者を診察し治癒することが重要である。
- 推計結果の精度はR2乗値＝0.86で、精度はよいといえる。
- プロビット分析の式ではプロビット値が0とは満足者率が50％であることを意味する。

    例えば、A病院の式は0＝0.2684×診察時間－1.97453となる。

    この式より、満足者率50％の診察時間は、1.97453÷0.2684＝7.36分。
- この時間を上回ることで満足者率を向上させることができる。同様にB病院では8.0分、C病院では8.0分、D病院では8.2分。総じて、患者の満足者率を高めるには診察時間8分以上を目指すことが求められる。
- 待ち時間への不満を解消するには、診察予約制度を導入することが考えられる。

第6章

▼

コンジョイント分析

こういうときには
コンジョイント分析

新製品を企画中なんだけど、色々な案をどう絞り込めばいいのか、頭が痛い。

まずアイデアをデザイン、機能、価格帯など、要因別に整理して、どんな組合せが評価が高いか調べ、その結果を解析すればどうかな？最小限の組合せ数で調べられる解析手法があるよ。

1 コンジョイント分析とは

（1）多数の要因の組合せ効果を効率的に予測する手法

コンジョイント分析は、色々な要因の組合せによって、評価がどうなるかを予測する解析手法です。

例えば新製品・新サービス開発の際、製品やサービスの機能・効能と価格の組合せによって、購入意向の順序や好き嫌いの評価がどうなるかを予測できます。

コンジョイント分析ではカテゴリーデータを説明変数とし、要因の組合せ表、組み合わせたときの評価得点または順位をアウトプットします。

コンジョイント分析は、実験計画法（103ページ）で評価・説明要因を組み合わせたものについて調査で収集したデータをもとに、予測したい数値または所属するグループを判別するための、線形または非線形の多変量解析の総称といえます。

コンジョイント分析には次の種類があります。

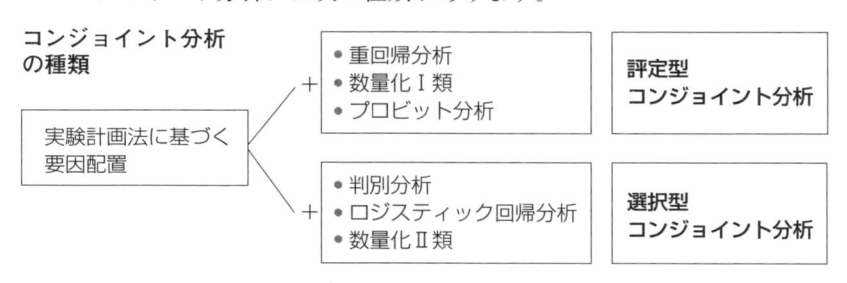

コンジョイント分析の種類

実験計画法に基づく要因配置
+ ・重回帰分析
  ・数量化Ⅰ類
  ・プロビット分析
  → **評定型コンジョイント分析**
+ ・判別分析
  ・ロジスティック回帰分析
  ・数量化Ⅱ類
  → **選択型コンジョイント分析**

①評定型コンジョイント分析

最も少ない説明変数の組合せを計算し、各組合せについて評価得点をつけてもらう方法です。例えば、飲料の新製品コンセプトとして、サイズ3種類（大中小）、色3種類（赤青黄）、容器形状3種類（○△□）を組み合

わせ、どれが一番評価が高いかをアンケート調査で調べたいとします。この例では、すべての組合せは3×3×3＝27通りですが、コンジョイント分析を用いれば最小限に設計できます（この場合では9通りとなります）。

評定型コンジョイント分析では、数量データをカテゴリー化する必要があり、数量データのカテゴリー値と評価値の関係には、離散モデル、線形モデル、2次関数モデルが使えます。

- **離散モデル**…カテゴリー間に直線関係も曲線関係もなく、カテゴリーはバラバラに目的変数に影響。数量化Ⅰ類と同じ結果になる。
- **線形モデル**…回答カテゴリー番号と回帰係数の間に直線関係があり、カテゴリー番号の大きいものほどカテゴリースコアが大きい増加型とその逆の減少型の2種類がある。
- **2次関数モデル**…カテゴリー番号と回帰係数の間に2次関数の関係があり、∪字型と∩字型の2種類がある。2次関数だと最高値または最低値がわかるので、アイデアル（理想点）モデルともいわれる。

評定型コンジョイント分析の3つのモデルのイメージ

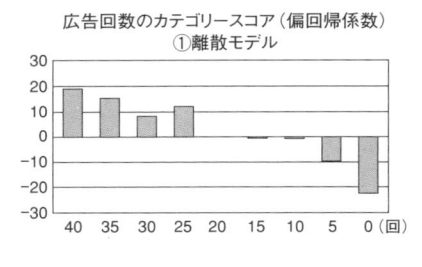

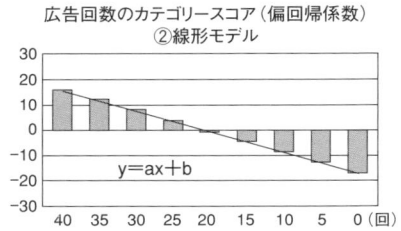

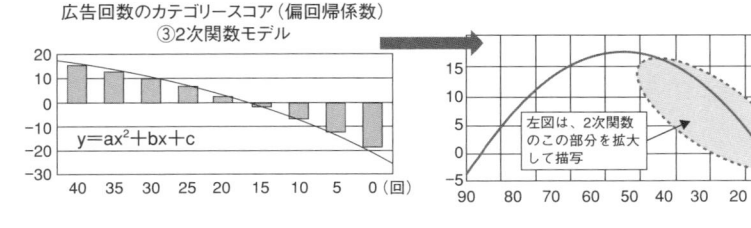

市販の計算ソフトウェアの「コンジョイント分析」では、簡単な操作でデータ作成や関数式の計算ができます。ただし、コンジョイント分析のソフトウェアがなくても、実験計画で要因配置したデータを重回帰分析や判別分析を行っても類似した結果になります。コンジョイント分析の計算方法では、個別データの関数式を求め、その平均を計算しています。

②**選択型コンジョイント分析**

組み合わせた新製品コンセプトについて、好ましいコンセプトを1つだけ選択してもらう方法です。

評価得点や評価順位を付ける必要がなく、回答者の負荷が軽減できますが、多数の組合せから1つを選択することは難しいため、回答者に評価を求める前の段階で、ある程度組合せを絞り込んで、選択肢を3つから4つ程度にしておくことが必要になります。

(2) コンジョイント分析に出てくる統計用語

実験計画法

- ある要因を変化させればどんな効果があるかといった、要因と効果の因果関係を調べる実験では、複数の要因を厳密にコントロールする必要がある。実験計画法は、複数の要因の効果を、最小限の組合せ数で効率的に調べる方法。

- 例えば、広告、価格、POP（店頭販促物）などの要因を変化させたり、要因の組合せを変化させると販売量がどう変化するかを調べるには、多数の要因の組合せについて調べる必要があるが、実験計画法の**直交表**（要因と水準を組み合わせた割付け表）を活用すれば、各要因の効果（**主効果**という）と複雑な相乗効果（**交互作用**という）を少ない実験回数で計測できる。

- 実験計画法には直交表を用いた実験以外にも様々な方法がある。実験計画法は、効果の加法性（加算される性質）を前提にしており、各要因の効果を加算したものを全体への効果と考えている。

水準
- 実験計画法では、要因に含まれる内訳の種類を水準という。例えば、価格という要因の場合、1000円、2000円、3000円の3種類の効果を調べたいとすれば3水準となる。

コンジョイントカード
- 直交表による要因・水準を割付けた表のこと。
- 例えば、3要因3水準の組合せは27通り（＝3×3×3）だが、直交表を用いると9通りで、27通りを調査した結果が推計できる。
- このとき、9通りの組合せのそれぞれを9枚のカードに表したものをコンジョイントカードと称する。
- 直交表は、コンジョイント分析の統計ソフトウェアを用いてアウトプットできる。ただし、市販のソフトウェアでは、まれに同じ組合せのカードがアウトプットされることがあるので、確認し点検する必要がある。
- また、統計ソフトウェアを使わない場合でも、実験計画法の参考書を見れば、自分で直交表に要因を割付けることができる。

効用値
- 重回帰分析の偏回帰係数（または数量化Ⅰ類のカテゴリースコア）のことを評定型コンジョイント分析では、効用値（ユーティリティスコア）という。

重要度
- カテゴリーの最大値から最小値の値のレンジを要因ごとに合計し、その構成比を要因別の重要度という。これによって、どの機能が重要か、機能ごとに効用の高いカテゴリーはどれかがわかる。
- 数量化Ⅰ類のアイテムレンジ（79ページ参照）のこと。

アイテム：アンケート調査などにおける質問項目のこと。

2 アウトプットの導き方

(1) 解析の手順

(評定型コンジョイント分析の場合)

手順1：解析目的に応じて、目的変数と説明変数(要因)を決める
手順2：要因の水準を決め、すべての組合せの一覧表を作る
手順3：コンジョイントカードをアウトプットする
　　　　(直交計画一覧表の作成)
手順4：コンジョイントカードの各組合せについて、アンケートなどで目的変数のデータを収集する
手順5：分析を実施する(コンジョイント専用のソフトウェアを使う場合)
　　　　〔数量データをカテゴリー化したものを要因としている場合、離散モデル、線形モデル、2次関数モデルを適用できる〕
　　　　注) コンジョイント専用のソフトウェアを使わない場合、重回帰分析や数量化Ⅰ類で計算する。
手順6：結果のグラフ化しコメントを入れる
場合により
手順7：さらなる分析を実施し結果を選択する

(2) アウトプットまでの手順

手順1：解析目的に応じて、目的変数と説明変数(要因)を決める

解析目的の例：携帯用ペットボトルの水の新製品のデザイン、価格を検討(消費者の評価が高いのはどのデザイン、価格かを調べる)

目的変数：評価値(消費者アンケートで評価を得る)

説明変数(独立変数)：形状、色、価格

手順2：要因の水準を決め、一覧表を作る

	形状	色	価格
1	円柱形	透明	130円
2			150円
3			170円
4		グリーン	130円
5			150円
6			170円
7		ブルー	130円
8			150円
9			170円
10	角柱形	透明	130円
11			150円
12			170円
13		グリーン	130円
14			150円
15			170円
16		ブルー	130円
17			150円
18			170円
19	くびれ型	透明	130円
20			150円
21			170円
22		グリーン	130円
23			150円
24			170円
25		ブルー	130円
26			150円
27			170円

手順3：コンジョイントカードをアウトプットする

card	f1	f2	f3
1	170円	ブルー	円柱形
2	130円	グリーン	くびれ形
3	170円	透明	くびれ形
4	130円	ブルー	角柱形
5	150円	ブルー	くびれ形
6	170円	グリーン	角柱形
7	150円	グリーン	円柱形
8	150円	透明	角柱形
9	130円	透明	円柱形

手順4：コンジョイントカードの各組合せについて、アンケートなどで目的変数のデータを収集する

id	e1	e2	e3	e4	e5	e6	e7	e8	e9
1	6	9	3	7	8	9	8	5	3
2	5	6	4	1	7	5	6	7	6
3	5	3	8	3	9	7	6	4	2
4	5	6	7	5	6	7	6	7	5
5	9	7	6	6	10	7	5	6	5
6	7	7	7	7	9	8	6	6	5
7	9	6	7	7	8	10	5	3	2
8	7	3	7	4	7	7	4	5	2
9	8	10	7	8	9	6	4	3	2
10	1	6	6	3	4	10	5	8	2

標本番号1〜10について、コンジョイントカードでアウトプットされた9つの組合せ（e1〜e9）について評価を得た結果。

〈参考〉
コンジョイント分析専用ソフトウェアを用いない場合のデータ形式の例
数量化Ⅰ類用データにする場合

	評価値	形状	色	価格
ID1のe1のデータ	6	1	1	2
ID1のe2のデータ	9	1	2	3
ID1のe3のデータ	3	1	3	1
ID1のe4のデータ	7	2	1	3
ID1のe5のデータ	8	2	2	1
ID1のe6のデータ	9	2	3	2
ID1のe7のデータ	8	3	1	1
ID1のe8のデータ	5	3	2	2
ID1のe9のデータ	3	3	3	3
⋮	⋮	⋮	⋮	⋮
ID10のe1のデータ	1	1	1	2
ID10のe2のデータ	6	1	2	3
ID10のe3のデータ	6	1	3	1
ID10のe4のデータ	3	2	1	3
ID10のe5のデータ	4	2	2	1
ID10のe6のデータ	10	2	3	2
ID10のe7のデータ	5	3	1	1
ID10のe8のデータ	8	3	2	2
ID10のe9のデータ	2	3	3	3

重回帰分析用データにする場合

	評価値	形状1	形状2	色1	色2	価格1	価格2
ID1のe1のデータ	6	1	0	1	0	0	1
ID1のe2のデータ	9	1	0	0	1	0	0
ID1のe3のデータ	3	1	0	0	0	1	0
ID1のe4のデータ	7	0	1	1	0	0	0
ID1のe5のデータ	8	0	1	0	1	1	0
ID1のe6のデータ	9	0	1	0	0	0	1
ID1のe7のデータ	8	0	0	1	0	1	0
ID1のe8のデータ	5	0	0	0	1	0	1
ID1のe9のデータ	3	0	0	0	0	0	0
⋮	⋮	⋮	⋮	⋮	⋮	⋮	⋮
ID10のe1のデータ	1	1	0	1	0	0	1
ID10のe2のデータ	6	1	0	0	1	0	0
ID10のe3のデータ	6	1	0	0	0	1	0
ID10のe4のデータ	3	0	1	1	0	0	0
ID10のe5のデータ	4	0	1	0	1	1	0
ID10のe6のデータ	10	0	1	0	0	0	1
ID10のe7のデータ	5	0	0	1	0	1	0
ID10のe8のデータ	8	0	0	0	1	0	1
ID10のe9のデータ	2	0	0	0	0	0	0

注）重回帰分析の場合、価格は生データをそのまま用いてもよい。

第6章 ◎ コンジョイント分析

手順5：分析を実施する

●**離散（discrete Model）モデルのアウトプット例（SPSSの例）**

要約表（平均値）

重要度 〔Importance〕	効用値 （偏回帰係数、または カテゴリースコア）〔Utility〕	要因 〔Factor〕	カテゴリー （水準）〔Label〕
33.10 %	− 1.0000	価格	130 円
	0.2667		150 円
	0.7333		170 円
37.71 %	− 0.9333	色	透明
	0.5333		グリーン
	0.4000		ブルー
29.19 %	− 0.9000	形状	円柱型
	0.1000		角柱型
	0.8000		くびれ型
—	5.9333	定数	CONSTANT

Pearson's R ＝ .978（重相関係数）、Significance ＝ .0006（有意確率）

3 結果の解釈の仕方

手順6：結果をグラフ化しコメントを入れる

●離散モデルの結果

各要因の効用

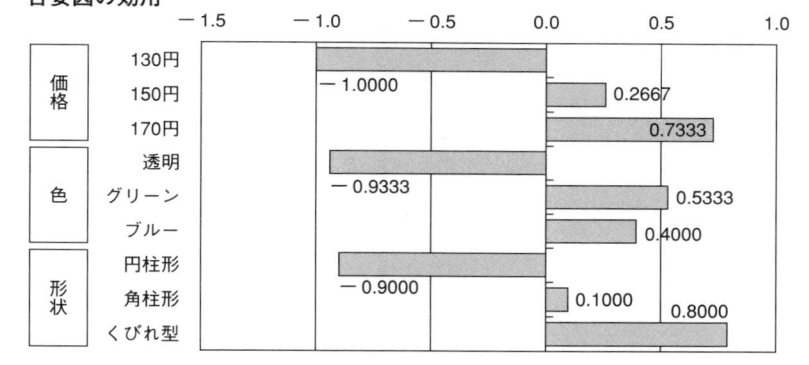

要因	水準	効用
価格	130円	−1.0000
価格	150円	0.2667
価格	170円	0.7333
色	透明	−0.9333
色	グリーン	0.5333
色	ブルー	0.4000
形状	円柱形	−0.9000
形状	角柱形	0.1000
形状	くびれ型	0.8000

重要度の要約

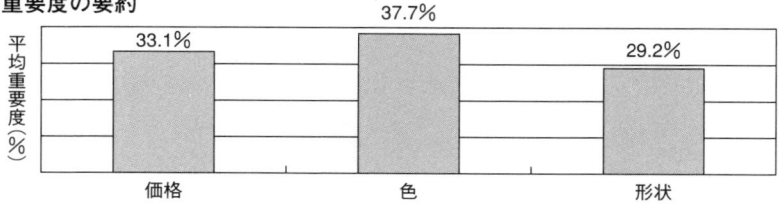

- 価格：33.1%
- 色：37.7%
- 形状：29.2%

（平均重要度(%)）

［コメントの例］

● 水のペットボトルの評価に与える重要度は、色、価格、形状の順。
● 色はグリーン、形状はくびれ形が好まれ、価格が高くても評価は高い。

価格と評価との相関関係を確認するため、価格要因について、線形モデルをあてはめる。

手順7：さらなる分析を実施する
①線形モデル（Linear Model）モデルのアウトプット例
　要約表（平均値）

重要度 〔Importance〕	効用値 （偏回帰係数） 〔Utility〕	要因 〔Factor〕	カテゴリー （水準）〔Lebel〕
27.39%	0.8667	価格	130 円
	1.7333		150 円
	2.6000		170 円
40.84%	− 0.9333	色	透明
	0.5333		グリーン
	0.4000		ブルー
31.77%	− 0.9000	形状	円柱型
	0.1000		角柱型
	0.8000		くびれ型
−	4.2000	定数	CONSTANT

Pearson's R ＝ .966　　Significance ＝ .0000
1次関数の係数　B ＝ 0.8667（価格カテゴリーの傾き）

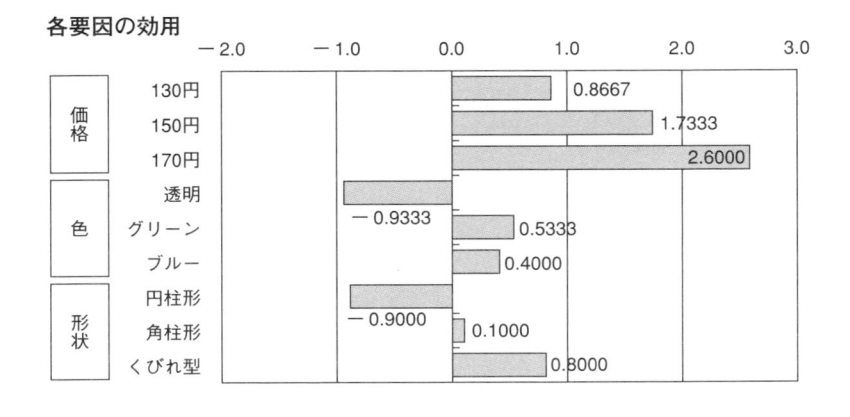

各要因の効用

要因	水準	効用
価格	130円	0.8667
	150円	1.7333
	170円	2.6000
色	透明	− 0.9333
	グリーン	0.5333
	ブルー	0.4000
形状	円柱形	− 0.9000
	角柱形	0.1000
	くびれ型	0.8000

重要度の要約

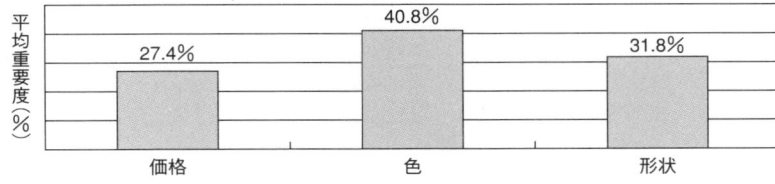

平均重要度(％)
- 価格: 27.4%
- 色: 40.8%
- 形状: 31.8%

[コメントの例]
- 離散モデルと同様の結果が確認された。
- 水のペットボトルの評価に与える重要度は、色、価格、形状の順。
- 色はグリーン、形状はくびれ形が好まれ、価格が高くても評価は低くならない。

価格の効用値の推計式は、

Y（評価）＝価格カテゴリーの係数×価格カテゴリー値

で求める。例えば、170円なら0.8667×3=2.6。

しかし、価格が高いほど評価がよいわけがない。そこで、価格はどのくらいが最も高い評価が得られるか、2次関数モデルを実施してみる。

② 2次関数モデル（Ideal Model）のアウトプット例

要約表（平均値）

重要度 〔Importance〕	効用値 （偏回帰係数） 〔Utility〕	要因 〔Factor〕	カテゴリー （水準）〔Lebel〕
33.10%	2.0667	価格	130 円
	3.3333		150 円
	3.8000		170 円
37.71%	－ 0.9333	色	透明
	0.5333		グリーン
	0.4000		ブルー
29.19%	－ 0.9000	形状	円柱型
	0.1000		角柱型
	0.8000		くびれ型
―	2.8667	定数	CONSTANT

Pearson's R＝.978　　Significance＝.0000
価格の2次関数係数 B＝2.4667　C＝－0.4000　Ideal Pt（理想点）＝3.0833

各要因の効用

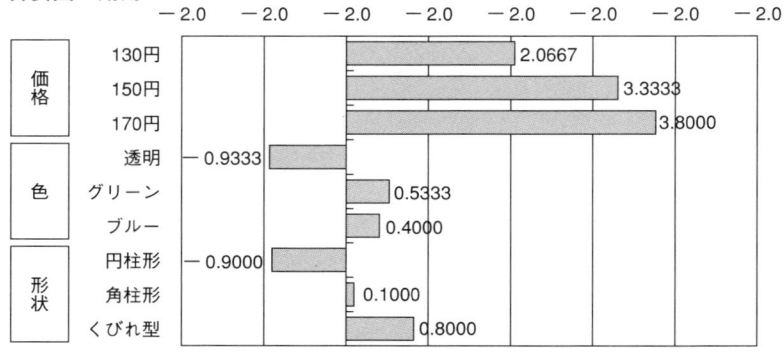

価格		
130円	2.0667	
150円	3.3333	
170円	3.8000	

色		
透明	−0.9333	
グリーン	0.5333	
ブルー	0.4000	

形状		
円柱形	−0.9000	
角柱形	0.1000	
くびれ型	0.8000	

重要度の要約

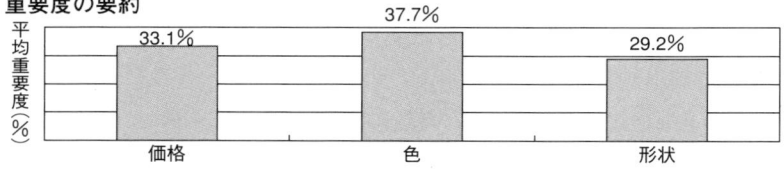

平均重要度(%): 価格 33.1%、色 37.7%、形状 29.2%

[コメントの例]

- 離散モデル、線形モデルと同様の結果が確認された。
- ペットボトルの評価に与える重要度は、色、価格、形状の順。色はグリーン、形状はくびれ形が好まれ、価格は170円。
- 最適価格は、次の2次関数で求められる。

    $y = -0.4X^2 + 2.4667X$

    アイデアルポイント（理想点）は3.0833

- 具体的には、価格カテゴリー値3（＝170円）を0.0833ポイント上回る価格で、170円＋20円×0.0833≒171.7円。
- したがって172円が理想価格だが、現実的には170円が適切な価格と考えられる。

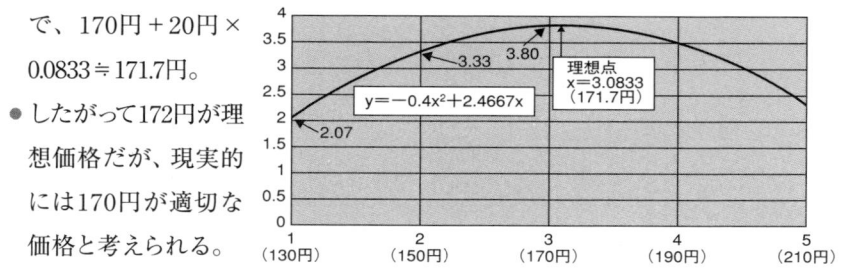

グラフ：$y = -0.4x^2 + 2.4667x$、理想点 x=3.0833（171.7円）
1(130円), 2(150円), 3(170円) 3.33, 3.80, 4(190円), 5(210円)、2.07

第7章

判別分析

こんなときには判別分析!

わが社の顧客になるか、ライバル社の顧客になるかは、何が分かれ道になるんだろう？
それがわかれば、説得力のある販促策の企画ができるんだがなあ。

性別、年齢、職業、ライフスタイルの違いなどをクロス集計で調べてみたけど、クロス集計だけでは総合的に見て何がどの程度決め手になるのか、よくわからないんだ。

1 判別分析とは

（1）境界線を求め、所属グループを予測する手法

判別分析は、グループ間を最もうまく分離する境界線を、判別関数と称する回帰式によって求める解析手法です。

例えば、自社、他社どちらの車を買いそうか、ヘビーユーザーかライトユーザーか、ＡとＢどちらのブランドのユーザーか、などを区別する判別関数を導き出します。

Z（判別得点）＝ a_1変数$_1$ ＋ a_2変数$_2$ ＋ ･･･ ＋ a_n変数$_n$ ＋ b

Z（判別得点）が 0 以上か未満かでグループを判定
a_1〜a_nはそれぞれの変数のウェイトで、b は定数

判別分析の目的変数は、グループの種類というカテゴリー値、つまり質的データです。目的変数を予測するには、**判別得点**という連続変数を新たな目的変数とした重回帰分析を行います。計算した判別得点の値をもとに、質的データに変換します。

説明変数は、数値データであることが必要です。

カテゴリーデータを説明変数に用いたい場合は、ダミー変数（該当 1、非該当 0）に置き換え、数値化します。

判別分析では、判別関数を求めて、販促策や広告キャンペーンなどの結果を予測したり、結果に影響する変数を見つけ、対策に活用したりします。

(2) 判別分析に出てくる統計用語

判別関数
- $Z = a_1X_1 + a_2X_2 + \cdots + a_nX_n + b$
- 境界線の引き方により、線形判別関数と2次判別関数がある。
- 判別境界値を目的変数とする重回帰式とみなせる。

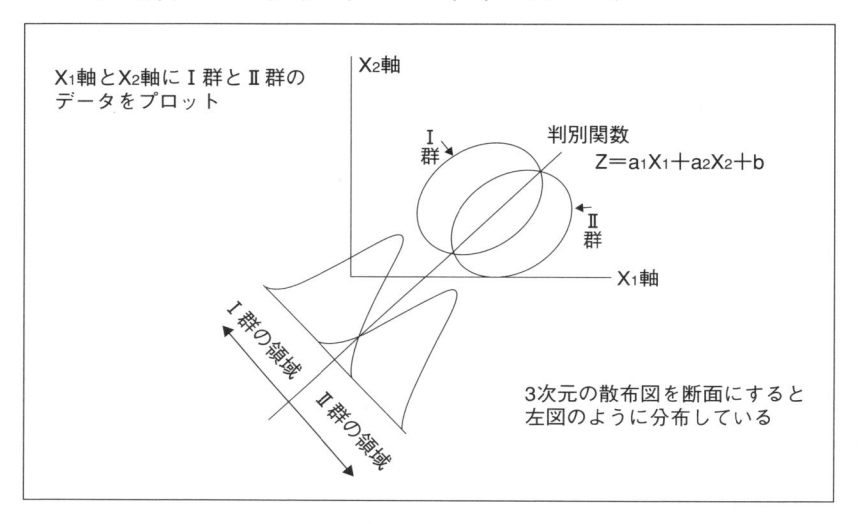

```
X1軸とX2軸にⅠ群とⅡ群の
データをプロット

X2軸
           Ⅰ群
                  判別関数
                  Z＝a1X1＋a2X2＋b
           Ⅱ群
                           X1軸

Ⅰ群の領域
Ⅱ群の領域

3次元の散布図を断面にすると
左図のように分布している
```

線形判別関数
- 1次関数（直線）でグループの境界線を引くやり方。

2次判別関数
- 2次関数（曲線）でグループの境界線を引くやり方。

マハラノビスの汎距離
- 分散共分散行列を用いて表した2変量（またはグループの分布の重心と個別データ）の距離を表す指標。距離が近ければ近いほど小さな値になる。
- 判別対象の標本とグループの中心との距離を計算し、距離が近いグループに属すると判断する。

分散共分散行列

- 分散は、変数のばらつきの程度を示す量で、標準偏差の2乗。
- 共分散は、2つの変数間のばらつきの程度を示す量。
- 分散共分散行列は、変数の数をnとしたとき、n×nの対象行列になり、対角線が分散、その他が共分散。標準化すると相関行列になる。

判別得点（判別境界の推定値）

- 判別関数のZの値が、0以上か0未満で、グループを判定。

説明変数

- 判別結果を導く変数。判別関数の$X_1 \cdots X_n$
- 判別関数の説明変数は数値データであることが必要なため、カテゴリーデータはダミー変数にする必要がある。

ダミー変数

- カテゴリーデータを数量データに置き換えた変数。
- あるカテゴリーに該当すれば1、非該当なら0と置き換える。
- 例えば、男性、女性のカテゴリーデータをダミー変数に置換すると、男性＝1、女性＝0となる。

判別関数の係数

- 説明変数の係数（判別関数の$a_1, \cdots a_n$）
- 判別関数の係数の値は、説明変数の値の大きさとばらつきに影響される。説明変数の影響力を調べるには、すべての説明変数の単位を等しくする標準化が必要。

標準化判別関数の係数

- 標準化（平均0、標準偏差1のデータ）した説明変数の係数。
- 標準偏回帰の係数の大小により、目的変数への影響力が比較できる。

正準判別分析

- 通常の判別分析は個体（標本・サンプル）の識別に重点をおいているが、正準判別分析はグループ間の差異をできるだけ少数の線形判別関数で説明しようとする方法。

- できるだけ少数の正準判別変量と呼ばれる1次関数で表される合成変量を生成し、グループ間分散を最大にする変量の重みを定めて判別する。

判別境界線
- 判別関数によって表されるグループの境界線。
- 境界線の本数＝グループの数－1

判別的中率
- 判別分析の精度を示す値。
- 判別的中率＝正しく判定されたサンプル数÷全サンプル数×100％

変数増加法
- 説明変数を1つだけ含む判別関数から計算をスタートし、変数を1つずつ増加させる方法。

変数減少法
- 説明変数をすべて含む判別関数から計算をスタートし、変数を1つずつ減少させる方法。

変数増減法（ステップワイズ法）
- 判別関数の説明変数を増減させる方法。

Wilksのラムダ
- グループの平均が同じ母集団のものであるとの仮説を検定する値。
- ラムダの範囲は0から1。
- 平均が0に近いほどグループ平均に差があり、判別がよい。

2 アウトプットの導き方

(1) 解析の手順

手順1：解析目的に応じて、目的変数（グループ化変数）と説明変数（独立変数）を決める

手順2：データを表形式にする

手順3：予備分析を行う

　　　　（変量間の連関をクロス集計して調べる）

　　　　①全変数の組合せをクロス集計してみる

　　　　②クロス集計結果を見て説明変数を検討

手順4：判別分析を実施する

　　　　①全変数で解析

　　　　②変数増減法（ステップワイズ法）などで解析

手順5：結果を選択する

　　　　最も合理的な判別関数を選択（判別的中率も参考に）

手順6：結果をグラフ化しコメントを入れる

　　　　判別結果と実態についてグラフ化またはコメント

(2) アウトプットまでの手順

手順1：解析目的に応じて、グループ化変数と独立変数を決める

　解析目的の例：顧客の総合満足度について、満足と不満足を分けるのは、顧客の年齢、店までの距離、価格評価のどの要素か調べる

　目的変数（グループ化変数）：総合満足度〔満足＝2（4～5点）、

　　　　　　　　　　　　　　　　　　　　　不満足＝1（1～3点）〕

　説明変数（独立変数）：顧客の年齢、店までの距離、価格評価

手順2：データを表形式にする

不満―満足 グループ1：不満 グループ2：満足	年齢	店までの 距離	価格評価
1	20	4.5	4
1	42	3.8	3
1	29	3	2
1	30	2.7	3
1	40	3.9	4
1	19	4.3	2
1	28	4.4	2
1	31	3.7	3
1	21	5.3	2
1	20	2.9	3
1	27	4.1	2
2	20	3.1	4
2	16	2.3	4
2	34	3.5	4
2	13	1.5	3
2	25	1.2	3
2	24	3.4	5
2	9	4	4
2	23	2	4
2	33	3.2	4

手順3：変量間の連関をクロス集計して調べる

年齢、店までの距離、価格評価別に満足と不満をクロス集計する。クロス集計結果をグラフ化してながめてみる。

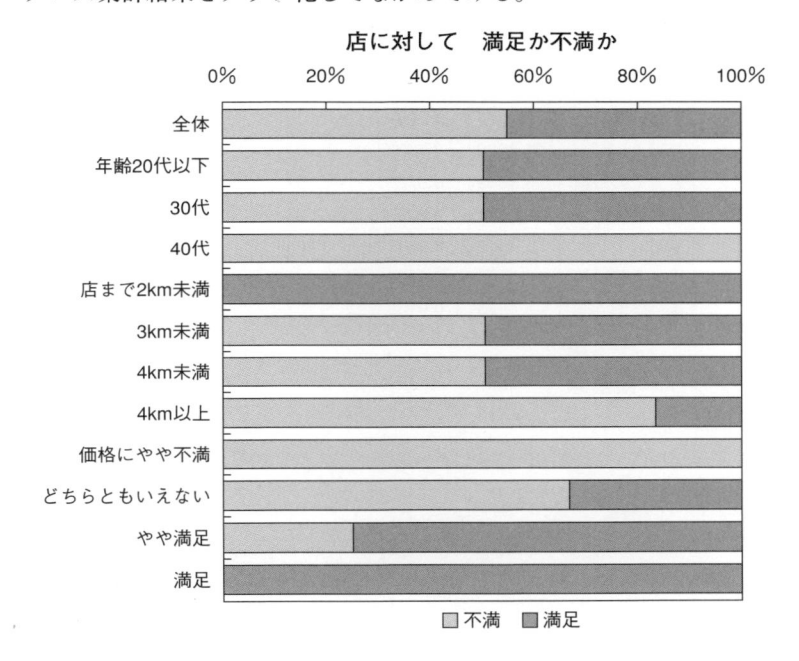

店に対して　満足か不満か

（グラフ：全体、年齢20代以下、30代、40代、店まで2km未満、3km未満、4km未満、4km以上、価格にやや不満、どちらともいえない、やや満足、満足 の不満／満足の割合）

店までの距離と価格評価は満足か不満かに関連がありそう。

手順4：判別分析の実施

●ステップワイズ法を用いた分析

クロス集計の結果をみると、年齢は満足度との関連性が低そうなので、全数選択でなく、ステップワイズ法で解析する。

目的変数（グループ化変数）：総合満足度〔満足＝2（4～5点）、不満足＝1（1～3点）〕

説明変数（独立変数）：顧客の年齢、店までの距離、価格評価

●アウトプット例（SPSSの計算例）
グループ統計量

満足グループと不満グループ		平均値	標準偏差	有効数
不満1－3	年齢	29.9091	7.8289	11
	店までの距離	3.8727	0.7786	11
	価格評価	2.7273	0.7862	11
満足4－5	年齢	21.8889	8.4327	9
	店までの距離	2.6889	0.9727	9
	価格評価	3.8889	0.6009	9
合計	年齢	25.2	8.4642	20
	店までの距離	3.34	1.0404	20
	価格評価	3.25	0.9105	20

グループごとの説明変数の平均値

標準偏差：平均値からのばらつきの程度を表す
標準偏差＝$\sqrt{}$（各データの値－平均値）^{2}
標準偏差が大きいほど平均からのばらつきが大

ステップワイズ統計量
・投入済み/除去済みの変数

ステップ	投入済み	Wilksのラムダ				正確なF値		
		統計量	自由度1	自由度2	自由度3	統計量	自由度1	自由度2	有意確率
1	価格評価	0.576	1	1	18	13.254	1	18	0.002
2	店までの距離	0.39	2	1	18	13.318	2	17	0

価格評価と店までの距離が説明変数として選択された

正準判別関数の集計
固有値

関数	固有値	分散の %	累積 %	正準相関
1	1.567(a)	100	100	0.781

固有値が高いほうが判別がよい。

a 最初の1個の正準判別関数が分析に使用された。

Wilksのラムダ

関数の検定	Wilksのラムダ	カイ2乗	自由度	有意確率
1	0.39	16.025	2	0

有意確率は、「仮説：2グループ間に差は無い」が有意な確率
有意水準0.05より小さいので仮説は捨てられ、グループ間に差がある

標準化された正準判別関数係数

	関数
	1
店までの距離	−0.744
価格評価	0.84

標準化判別関数Z＝−0.744×店までの距離＋0.84×価格評価
店までの距離が大であるほど不満、価格評価が高いほど満足と判定される可能性
価格評価の係数が店までの距離より大で、満足度への影響も大

正準判別関数係数（標準化されていない係数）

	関数
	1
店までの距離	−0.855
価格評価	1.183
（定数）	−0.989

生データで計算するときの係数
正準判別関数Z＝
−0.855×店までの距離＋1.183×価格評価−0.989

第7章 ◎ 判別分析

分類統計量

ケースごとの統計

ケース番号	実際のグループ 1:不満 2:満足	最大グループ 予測グループ	最大グループ グループ1との重心への距離の2乗	グループ2との重心への距離の2乗	判別得点 関数1
1	1	1	0.94	2.009	−0.105
2	1	1	0.148	4.008	−0.689
3	1	1	0.013	6.255	−1.188
4	1	2(**)	1.126	1.757	0.252
5	1	2(**)	0.818	2.198	0.409
6	1	1	1.503	13.053	−2.3
7	1	1	1.72	13.678	−2.386
8	1	1	0.221	3.673	−0.604
9	1	1	4.331	19.964	−3.155
10	1	1	1.333	1.519	0.08
11	1	1	1.113	11.846	−2.129
12	2	2	0.048	4.695	1.093
13	2	2	0.215	8.128	1.777
14	2	2	0.316	3.33	0.751
15	2	2	0.001	5.531	1.278
16	2	2	0.049	6.804	1.534
17	2	2	0.499	9.57	2.019
18	2	2	0.98	1.952	0.323
19	2	2	0.519	9.657	2.033
20	2	2	0.093	4.332	1.007

判別得点で所属グループを判別
（グループ1は判別得点＜0、グループ2は、判別得点＞0）

不満なのに満足と判別されたケース

判別境界線の値は原則0（グループ1は判別得点＜0、グループ2は、判別得点＞0）だが、SPSSでは予測グループに属する確率を計算し、再度判別境界線を引き直している。
この例ではケース10は判別得点ではグループ2に属するが、事後確率でグループ1と判定されている。統計ソフトウェアによって判断が異なるので注意しよう。

分類結果

			予測グループ番号		合計
	満足度		不満1−3	満足4−5	
元のデータ	度数	不満1−3	9	2	11
		満足4−5	0	9	9
	%	不満1−3	81.8	18.2	100
		満足4−5	0	100	100

不満なのに満足と判別された割合＝18.2%
満足なのに不満と判別された割合＝0%
判別的中率
＝正しく判定されたサンプル数÷全サンプル数×100%
＝(9＋9)/20＝90%

判別適中率 90%

3 結果の解釈の仕方

手順5：結果をグラフ化しコメントを入れる

　説明変数が2つの場合は、データを散布図のグラフで示し、グループの境界線やグループの囲みを描画すればわかりやすい。

判別結果のイメージ

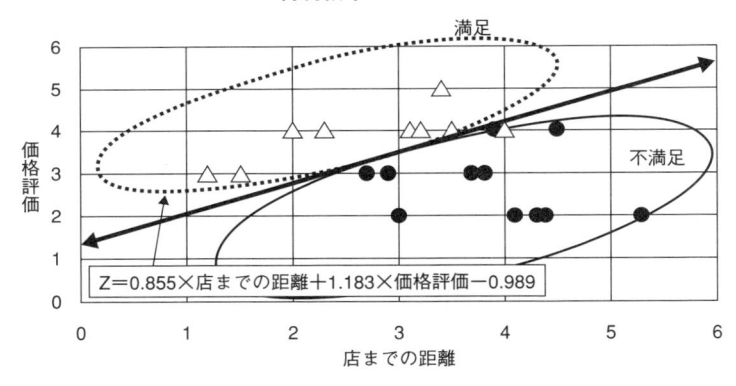

Z＝0.855×店までの距離＋1.183×価格評価－0.989

（縦軸：価格評価、横軸：店までの距離）

作図手順
① 満足と不満でデータをソート
② Y軸のデータを満足と不満で2列に分ける
③ 説明変数をX軸とY軸にして散布図を描く
④ 満足と不満でデータのマークを変える
⑤ グループの囲みと境界線を描画

[コメントの例]

①判別関数式

- 満足と不満の判別関数は以下のとおり。
  $Z = -0.855 \times$ 店までの距離 $+ 1.183 \times$ 価格評価 $- 0.989$
- 満足か不満かへの影響が大きいのは、価格評価と店までの距離。
- 店までの距離が遠いほど不満、価格評価が高いほど満足と判定される。
- 標準化判別関数係数は、店までの距離　　-0.744
  　　　　　　　　　　価格評価　　　　0.840
- 価格評価の係数が店までの距離より大で、満足度への影響も大。

②判別関数式の精度

- 判別的中率＝90％で的中率はよいといえる。
- 不満なのに満足と判定された割合は18.2％。
- 満足なのに不満と判定された割合は０％。
- 例えば、「健康なのに病気」と誤判定されるほうがよいのか、「病気なのに健康」と誤判定されるのがよいか。
- 不満なのに満足と誤判定されることは、何かのきっかけで満足に転じる人が２割いることを示唆している。
- 逆に、満足なのに不満と誤判定されたケースがあれば、何かのきっかけで満足から不満に転じる可能性があるということを示唆する。

③対策と課題

- 満足者を増やすには、価格評価を上げるための対策が重要。
- 不満なのに満足と判定された18.2％は、何が原因で不満かを調べれば満足者に転じる可能性がある。
- 不満グループから満足グループに転じる対策を検討するには、さらに追加アンケートなどを実施して、以下のことを調べる必要がある。
  ・年齢が高いほど価格評価が高い傾向があるが、価格評価を左右する要因は何か。

- 例えば、収入と関連があるのか。
- 商品の値引率と関連があるのか。
- 価格体系を見直し、値下げをしないのであれば、クーポンや買物金額に応じた値引率適用などによる顧客優遇策を検討したほうがよいのか。
- また、距離が近いほど総合満足度が高いのは、競合店が近くにないためか。
- 買物時間が短くなることへの評価なのか。

第8章

数量化Ⅱ類

こういうときには
数量化Ⅱ類！

ヘビーユーザーになるかどうかは、何で決まるんだろう？それがわかれば効果的な販促策が打てるんだが。

購入金額のランク別に、居住地や職業やライフスタイルなど色々なカテゴリーデータとの関係を調べてみよう。

1 数量化Ⅱ類とは

（1）カテゴリーデータを用いてグループの境界線を求める手法

数量化Ⅱ類は、グループの境界線を求める判別分析です。例えば、ヘビーユーザーとライトユーザーの違いを分ける要素、ブランドAとBのユーザーを区別する特性、自社顧客と他社顧客の違いを分ける要素などを調べ、売れ行き予測や販促計画などに活用することができます。

グループの種類を目的変数とするのは、判別分析やロジスティック回帰分析と同様ですが、説明変数としてカテゴリーデータ（定性的データ）を用いる点が異なります。

判別分析やロジスティック回帰分析では主に定量的データを用いますが、数量化Ⅱ類で年齢や年収といった定量的データを説明変数にしたい場合はカテゴリーデータに変換して用いています。

数量化Ⅱ類は、目的変数がグループの種類というカテゴリー値、説明変数がカテゴリーの場合の判別分析です。

数量化Ⅱ類のデータ形式のイメージを次ページに示します。

説明変数として使用するカテゴリーデータを0か1のダミー変数に変換する作業は計算ソフトがあれば、自動的に行われます。

数量化Ⅱ類は、判別分析と同様、相関比（グループとグループ分けに用いるデータとの相関で、相関比の平方根が重相関係数になります）が最大になるように、グループの境界線を引くように工夫されています。

2群判別では境界線は1本、3群以上の判別ではグループ数マイナス1本の境界線が引かれます。**判別得点**（数量化Ⅱ類では、**サンプルスコア**といいます）は、標準化（平均0、標準偏差1）して計算されます。

判別得点をもとに、個人がどのグループに属しているかを判定します。そのときの判定の基準は、判別境界点です。判別境界点よりも大きければグループ1に、小さければグループ2に属すると判定するのです。

判別境界点は、以下のような考え方で決めることができますが、統計ソフトウェアによって、異なる場合もあります。

①グループの重心と重心の中点

2群判別でしたら、グループ1のサンプルスコアの平均とグループ2のサンプルスコアの平均を足して2で割った値とします。

多群判別の場合は、グループ1と2の判別境界点、グループ2と3の判別境界点を求めます。

目的変数（外的基準）	No.	アイテム1			アイテム2			…	アイテムP		
		カテゴリー1	カテゴリー2	⋮	カテゴリー1	カテゴリー2	⋮		カテゴリー1	カテゴリー2	⋮
グループ1	1	✓				✓			✓		
	2		✓			✓			✓		
	⋮										
	n_1			✓	✓					✓	
グループ2	1		✓			✓			✓		
	2	✓			✓					✓	
	⋮										
	n_2		✓		✓					✓	
⋮											
グループk	1			✓	✓						✓
	2		✓		✓						✓
	⋮										
	n_k	✓			✓				✓		

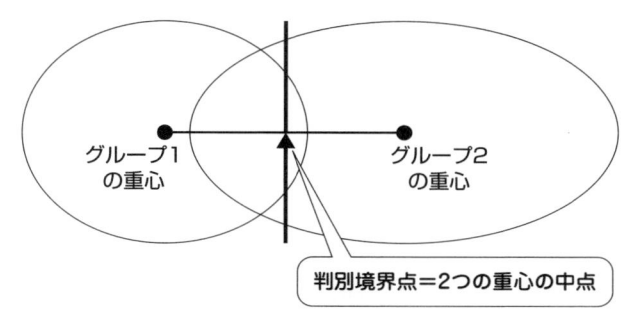

グループ1の重心　グループ2の重心

判別境界点＝2つの重心の中点

②グループ平均と標準偏差を加味した点
2群判別でしたら、次の式で求めます。
判別境界点＝（グループ1の標準偏差×グループ2の平均＋グループ2の標準偏差×グループ1の平均）÷（グループ1の標準偏差＋グループ2の標準偏差）

③グループに属する確率
どのグループに属するかの的中確率の計算をして、最も確率の高いグループに属すると判定します。平均からの偏差に含まれる確率です。

（2）数量化Ⅱ類に出てくる統計用語

カテゴリースコア
- どの項目が予測に影響しているかの指標。
- 項目（説明変数、アイテム）ごとにカテゴリースコアのレンジ（最大値−最小値）が算出される。
- カテゴリースコアの絶対値が大であるほど目的変数への影響が大。

サンプルスコア（判別得点）
- 判別式で算出された各サンプルの目的変数の理論値（予測値）
- 判別得点をもとに各サンプルの所属グループを判別する。

アイテムレンジ
- アイテムのカテゴリースコアの最大値と最小値の範囲（最大値−最小値）。レンジを見て、どのアイテムが予測に影響をもつかを判断する。

相関比
- グループ分けのもととなる属性とグループ分けを説明するデータとの相関を示す指標で、相関比の平方根が重相関係数。
- 相関比が1に近いほど、各軸のあてはまりがよい。

軸の重心
- 各グループのサンプルスコアの平均値（軸ごとの各グループの理論値の重心）で、グループを判別する指標となる値。

判別境界点
- 判定した所属グループの境界点。

判別的中率
- 正しく判別されたサンプル数÷総サンプル数。

2 アウトプットの導き方

(1) 解析の手順

手順1：解析目的に応じて、目的変数と説明変数を決める
　　　　（説明変数はカテゴリーデータ）

手順2：データを表形式にする

手順3：予備分析を行う（クロス集計など）

手順4：数量化Ⅱ類を実施する
　　　　当てはまりのよさを相関比でチェック
　　　　予測精度を判別的中率で確認

手順5：結果を解釈しコメントを入れる
　　　　カテゴリースコアのレンジをグラフ化
　　　　予測値と観測値をグラフ化

(2) アウトプットまでの手順

手順1：解析目的に応じて、目的変数と説明変数を決める

　解析目的の例：顧客満足度が高いグループと低いグループでは、顧客属性にどのような違いがあるかを調べ、固定客を増やす対策を考える。

　目的変数：顧客満足度

　説明変数：年齢層、店までの距離、価格評価

●データカテゴリー例

カテゴリー	年齢層	店までの距離	価格評価	顧客満足度
1	20歳代以下	1km未満	不満	不満
2	30歳代	2km未満	やや不満	満足
3	40歳代	3km未満	やや満足	
4	50歳以上	4km未満	満足	
5		5km以上		

手順2：データを表形式にする

データ例

不満—満足 1：不満 2：満足	年齢	店までの距離	価格評価
1	2	5	3
1	4	4	2
2	2	4	1
2	2	3	3
1	2	3	2
⋮	⋮	⋮	⋮
2	3	3	3
1	2	3	1
2	2	3	4

手順3：予備分析を行う

　クロス集計などで、不満と満足を分けるのは、年齢、店までの距離、価格評価のどの影響力が大きいのかを調べる(判別分析の手順3、123ページ参照)。

手順4：数量化Ⅱ類の実施

アウトプット例

カテゴリースコアとレンジ

アイテム	カテゴリー	第1軸	レンジ
年齢	20歳代以下	−0.1330	1.3524
	30歳代	−0.1443	
	40歳代	−0.1103	
	50歳以上	1.2081	
店までの距離	1km未満	−1.6577	3.0292
	2km未満	−0.8151	
	3km未満	0.2643	
	4km未満	−0.0282	
	5km以上	1.3715	
価格評価	満足	0.5351	1.9220
	やや満足	0.6298	
	やや不満	−0.6453	
	不満	−1.2921	

> レンジが最大である店までの距離が最も影響大

カテゴリースコアより、以下の式が求められる。

不満・満足	=	年齢		+	店までの距離		+	価格評価	
		20歳代以下	−0.1330		1km未満	−1.6577		不満	0.5351
		30歳代	−0.1443		2km未満	−0.8151		やや不満	0.6298
		40歳代	−0.1103		3km未満	0.2643		やや満足	−0.6453
		50歳以上	1.2081		4km未満	−0.0282		満足	−1.2921
					5km未満	1.3715			

相関比	0.6915

> 相関比が1に近いほどあてはまりがよい。
> わるくはないので、判別結果を見てみる。

上の式より算出されたサンプルスコア

サンプルスコア

サンプルNo.	群 1:不満 2:満足	第1軸	判別群
1	1	0.5819	1
2	1	1.8097	1
3	1	0.6551	1
4	1	0.7838	1
5	1	0.5346	1
6	1	0.3739	1
7	1	0.3626	1
8	1	0.4913	1
9	1	1.7623	1
10	1	0.7498	1
11	2	0.3626	1
12	2	−0.5253	2
13	2	−1.5934	2
14	2	−0.7838	2
15	2	−0.3183	2
16	2	−1.1721	2
17	2	−1.1721	2
18	2	−0.8065	2
19	2	−1.6047	2
20	2	−0.4913	2

> No.11は満足なのに不満と判別されている。
> 間違って判別されているのは1サンプルのみなので、この結果を採用。

判別的中率 = 19 ÷ 20 = 95.0%

第8章 ◎ 数量化Ⅱ類

※カテゴリースコアの見方
　この計算例では、カテゴリースコアがマイナス値だと満足、プラス値だと不満を表している。アウトプットを見て、カテゴリースコアの方向性を確認する必要がある。

3 結果の解釈の仕方

手順3：結果を解釈しコメントを入れる

カテゴリースコアとレンジをグラフ化してコメントを入れる。

[コメントの例]
- 判別的中率は95.0%で精度はよいといえる。
- 満足度に最も影響するのは店までの距離、次いで価格評価。
- 年齢の影響は少ない。
- 店までの距離が遠く、価格評価が低いと満足度が低くなる。
- 具体策を検討するには、さらに、競合店の影響、遠距離客の交通手段などを調べる必要がある。

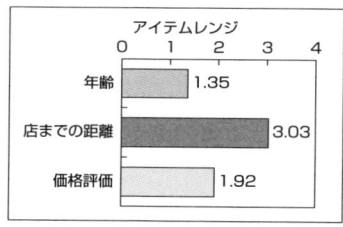

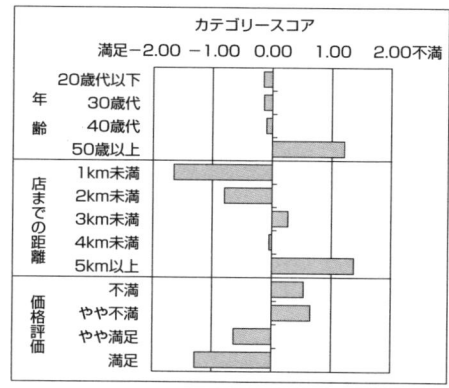

アイテムレンジ

年齢	1.35
店までの距離	3.03
価格評価	1.92

カテゴリースコア（満足 −2.00　−1.00　0.00　1.00　2.00 不満）

年齢
- 20歳代以下
- 30歳代
- 40歳代
- 50歳以上

店までの距離
- 1km未満
- 2km未満
- 3km未満
- 4km未満
- 5km以上

価格評価
- 不満
- やや不満
- やや満足
- 満足

第9章

ロジスティック回帰分析

こんなときには
ロジスティック回帰分析！

顧客満足度が高い固定客層と顧客満足度が低い離反客層とは何かが分かれ道になるんだろう？
それがわかれば、説得力のある販促策の企画ができるんだがなあ。

性別、年齢、職業、ライフスタイルの違いなどをクロス集計で調べても、総合的に見て何がどの程度決め手になるのか、よくわからないね。
たぶん満足度といろいろな説明変数との関係は、直線関係ではなさそうだと思う。

1 ロジスティック回帰分析とは

(1) グループを判別する境界線を曲線式で求める手法

ロジスティック回帰分析は、判別分析と同様、定性的データ、例えば、特定の病気やブランド使用の有無など、どのグループに属するかを目的変数とする回帰分析です。

ロジスティック回帰分析では、判別分析と同様、ロジスティック関数を求めて、販促策や広告キャンペーンなどの結果を予測したり、結果に影響する変数を見つけ、対策に活用したりします。

判別分析や数量化Ⅱ類は線形回帰モデルですが、ロジスティック回帰分析は非線形つまり曲線回帰モデルです。

ロジスティック回帰分析では、目的変数をデータ変換します。ちょっと、数学的な説明をします。

pを特定グループに属している比率（または確率）とした場合、
pの対数オッズ比　$\log \dfrac{p}{(1-p)}$
を**ロジット変換**といいます。

pの値は0と1の間にありますが、ロジット変換をすると$+\infty$と$-\infty$に拡大されます。このため、回帰係数に制約条件をつける必要がなくなります。

ロジスティック回帰分析は、目的変数をPとしたとき、

$$\log \dfrac{p}{1-p} = \alpha_1 x_1 + \alpha_2 x_2 + \cdots + \alpha_p x_p + \beta$$

という重回帰式を考えます。なお、logは自然対数、αは回帰係数、xは説明変数、βは定数（切片）です。

線形回帰モデル：1次式（y＝ax＋b）の直線モデル
曲線回帰モデル：2次式以上（y＝ax²＋bx＋c）の曲線（または非線形）モデル

対数オッズ比の式を、Pについて解きますと、

$$p = \frac{1}{1 + e^{-(a_1 x_1 + a_2 x_2 + \cdots + a_p x_p + \beta)}}$$

となります（eは自然数で、約2.718）。

この式は、シグモイド曲線と呼ばれるS字曲線で、pが0.5のとき、S字の屈曲点になります。

ロジスティック回帰分析では、判別グループが2つに分かれている場合を**2項ロジスティック回帰分析**、3グループ以上の場合を**多項ロジスティック回帰分析**といいます。

2項ロジスティック回帰分析のグループ判定基準は、pの値が0.5以上か未満かで、どのグループに属するかの判定を行います。（判別分析は、判別得点0以上か未満かで判定しています。）

なお、ロジスティック回帰分析の回帰係数の推定には、プロビット分析と同様、最尤法を用いています。

(2) ロジスティック回帰分析に出てくる統計用語

オッズ比（odds ratio）
- オッズは、競輪・競馬では100円の投票券に対する配当率だが、統計の世界では、ある事象が起きる確率（p）と起きない確率（1−p）の比で、求め方は $p \div (1-p)$。

2項ロジスティック回帰モデルの回帰係数の求め方
- 説明変数（X）が1つで、1か0のダミー変数の場合の2項ロジスティック回帰式（2群判別分析に相当）は、

$\log(p/(1-p)) = \beta + \alpha X$

第0群（X=0）のロジスティック回帰式は、

$\log(p_0/(1-p_0)) = \beta + \alpha \cdot 0 = \beta$　…第0群の対数オッズ

第1群（X=1）のロジスティック回帰式は、

$\log(p_1/(1-p_1)) = \beta + \alpha \cdot 1 = \beta + \alpha$　…第 1 群の対数オッズ

第 1 群の式から第 0 群の式の右辺、左辺を引くと

$\log(p_1/(1-p_1)) - \log(p_0/(1-p_0)) = \beta + \alpha - \beta$

$= \log[(p_1/(1-p_1))/(p_0/(1-p_0))] = \alpha$　…対数オッズ比

対数をもとに戻すために指数を求めると

$(p_1/(1-p_1))/(p_0/(1-p_0)) = \exp(\alpha)$　　…オッズ比

$p_0 = p_1$ になるには、$\exp(\alpha) = 1$、すなわち $\alpha = 0$

$p_0 < p_1$ になるには、$\exp(\alpha) > 1$、すなわち $\alpha > 0$

$p_0 > p_1$ になるには、$\exp(\alpha) < 1$、すなわち $\alpha < 0$

となる。

- つまり、回帰係数 a は対数オッズ比で、その指数を計算すると 2 群のオッズ比。また、β は第 0 群の対数オッズ比になる。

多項ロジスティック回帰式と所属グループの判定

- 多項ロジスティック回帰式、例えば 3 グループを判別する 3 項ロジスティック回帰式は、「第 1 グループと第 3 グループの対数オッズ比を求める式」と「第 2 グループと第 3 グループの対数オッズ比を求める式」の 2 本を求める。第 1 グループと第 2 グループの対数オッズ比を求める式は、先に求めた 2 つの式を引算して求める。

$g_1 = \log(p_1/p_3)$

$g_2 = \log(p_2/p_3)$

$\log(p_1/p_2) = g_1 - g_2 = \log(p_1/p_3) - \log(p_2/p_3)$

- つまり、3 番目のグループをもとに 1 番目と 2 番目のグループの対数オッズ比を計算している。

- 3 項ロジスティック回帰式では、3 本の回帰式が求まるが、実質は 2 本のロジスティック回帰式。3 グループの判別分析で、2 本の判別式を求めるのと同様。

- 3 項ロジスティック回帰分析で、所属するグループを判定するには、求めた 2 つの回帰式をもとに対数オッズ比を求め、その指数を計算する。

3番目のグループの対数オッズ比は0なので、0の指数で1になる。そして、3つの指数の合計値に対する各グループの指数の値の割合が、各グループに属する確率とされ、もっとも大きい値のグループに属するとみなせる。

$$\text{グループ}i\text{に属する確率} p(g_i) = \exp(g_i) / \sum_{i=1}^{3} \exp(g_i)$$

説明変数
- ロジスティック回帰式の回帰係数を導く変数。回帰式の説明変数は数値データであることが必要なため、カテゴリーデータはダミー変数にする必要がある。

ダミー変数
- カテゴリーデータを該当1、非該当0として数値データに置き換えた変数。
- 例えば、男性、女性のカテゴリーデータをダミー変数にすると、男性=1、女性=0などと置換する。

最尤法
- 最尤(さいゆう)推計法の略称。ロジスティック回帰分析の回帰係数は、最尤法を用いて計算している。最尤法は、母数の点推定をする方法で、母集団の分布形がわかっているとき、標本値からその母数を決めようとする手法。最も起こりうる関係を満たす値が最尤推定値となる。一方、重回帰分析の回帰係数は最小2乗法を用いて計算している。

Wald統計量
- 個々の説明変数の回帰係数について、帰無仮説「回帰係数は0である(この変数は予測に有効でない)」を検定している。有意確率が0.05以下だと、対立仮説「回帰係数は0でない(予測に有効)」を採択している。Wald統計量は、大標本の時の検定に向いている。

HosmerとLemeshowの適合度検定
- 適合度検定では、帰無仮説「モデル式は適合している」を検定している。有意確率が0.05以上だと、この仮説を採択し、求めたモデル式は適合し

ているとみなせる。

オムニバス検定
- ここでは、モデル式に用いる説明変数は予測に有効かどうかを検定する。有意水準が0.05以下だと、予測に有効とみなす。カイ2乗検定による適合度検定である。

－2対数尤度
- モデルのあてはまりのよさを表す指標。対数尤度は小さいほうがよい。

Cox-Snell R2乗とNagelkerke R2乗
- 当てはまりのよさを表わし、決定係数と同様0と1の間の値で大きいほうがよい。

2 アウトプットの導き方

(1) 解析の手順

手順1：解析目的に応じて、目的変数（グループ化変数）と説明変数（独立変数）を決める

手順2：データを表形式にする

手順3：予備分析を行う

　　　　（変量間の連関をクロス集計して調べる）

　　　　①全変数の組合せをクロス集計してみる

　　　　②クロス集計結果を見て説明変数を検討

手順4：ロジスティック回帰分析を実施する

　　　　①全変数で解析

　　　　②変数増減法（ステップワイズ法）、などで解析

手順5：結果を選択する

　　　　最も合理的な説明変数を選択（判別的中率も参考に）

手順6：結果をグラフ化しコメントを入れる

　　　　判別結果と実態についてグラフ化またはコメント

(2) アウトプットまでの手順

　手順1〜手順3は、判別分析と同じ。

手順1：解析目的に応じて、グループ化変数と独立変数を決める

　解析目的の例：顧客の総合満足度について、満足と不満足を分けるのは、顧客の年齢、店までの距離、価格評価のどの要素か調べる

　目的変数（グループ化変数）：総合満足度〔満足＝2（4〜5点）、

　　　　　　　　　　　　　　　　　　　　不満足＝1（1〜3点）〕

説明変数（独立変数）：顧客の年齢、店までの距離、価格評価

手順2：データを表形式にする（ここでは判別分析で使用したデータ）

不満－満足	年齢	店までの距離	価格評価
1	20	4.5	4
1	42	3.8	3
1	29	3	2
1	30	2.7	3
1	40	3.9	4
1	19	4.3	2
1	28	4.4	2
1	31	3.7	3
1	21	5.3	2
1	20	2.9	3
1	27	4.1	2
2	20	3.1	4
2	16	2.3	4
2	34	3.5	4
2	13	1.5	3
2	25	1.2	3
2	24	3.4	5
2	9	4	4
2	23	2	4
2	33	3.2	4

第9章 ◎ロジスティック回帰分析

手順3：変量間の連関をクロス集計して調べる

年齢、店までの距離、価格評価別に満足と不満をクロス集計。
クロス集計結果をグラフ化してながめてみる。

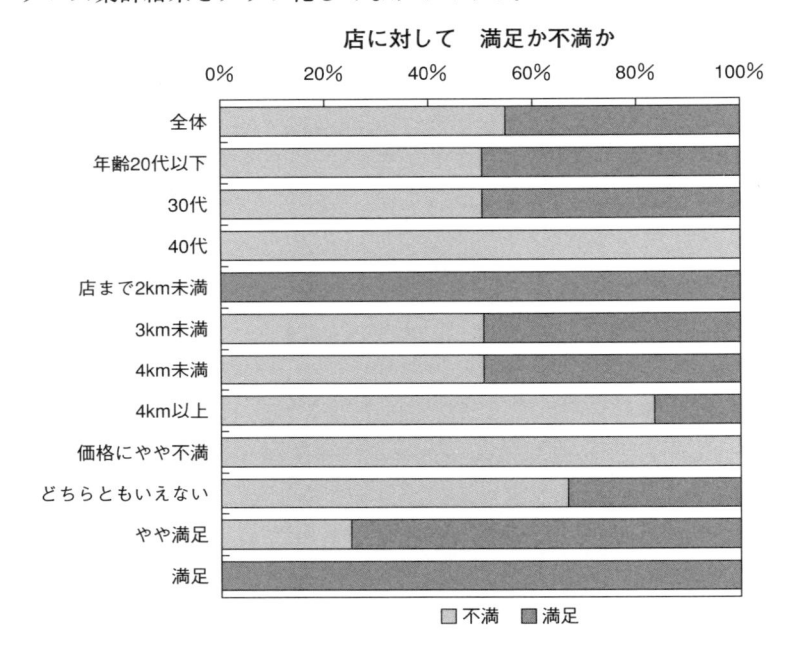

店に対して　満足か不満か

全体	
年齢20代以下	
30代	
40代	
店まで2km未満	
3km未満	
4km未満	
4km以上	
価格にやや不満	
どちらともいえない	
やや満足	
満足	

□不満　■満足

店までの距離と価格評価は満足か不満かに関連がありそう。

手順4：ロジスティック回帰分析を実施する

判別分析の結果をもとに検討

　判別分析の結果を参考にする。ここでは、説明変数が少ないので、Wald統計量をもとにした変数減少法で計算を行う。

　　目的変数（グループ化変数）：総合満足度〔満足＝2（4～5点）、
　　　　　　　　　　　　　　　　　　不満足＝1（1～3点）〕
　　説明変数（独立変数）：顧客の年齢、店までの距離、価格評価

●アウトプット例(SPSSの計算例)

(参考) グループ統計量

満足グループと不満グループ		平均値	標準偏差	有効数
不満1-3	年齢	29.9091	7.8289	11
	店までの距離	3.8727	0.7786	11
	価格評価	2.7273	0.7862	11
満足4-5	年齢	21.8889	8.4327	9
	店までの距離	2.6889	0.9727	9
	価格評価	3.8889	0.6009	9
合計	年齢	25.2	8.4642	20
	店までの距離	3.34	1.0404	20
	価格評価	3.25	0.9105	20

→ グループごとの説明変数の平均値

標準偏差：平均値からのばらつきの程度を表す
標準偏差＝$\sqrt{\ }$ (各データの値－平均値)^2
標準偏差が大きいほど平均からのばらつきが大

●判別分析と同じ説明変数を用いた計算結果

モデル係数のオムニバス検定

	カイ2乗	自由度	有意確率
ステップ	23.781	2	0
ブロック	23.781	2	0
モデル	23.781	2	0

→ モデルの有意確率が0.05より小さいので、このモデル式は有効

モデルの要約

－2対数尤度	Cox & Snell R2乗	Nagelkerke R2乗
3.744	.695	.930

→ モデルの精度を表し、対数尤度は小さいほうがよい。R2乗は1.0に近いほうがよい。(変数増加法や変数減少法を行う際の指標)

第9章◎ロジスティック回帰分析

HosmerとLemeshowの検定

カイ2乗	自由度	有意確率
.108	8	1.000

適合度検定で、有意確率が0.05超なら、求めたモデルはデータに適合している

HosmerとLemeshowの検定の分割表

グループ	満足度＝不満1－3		満足度＝満足4－5		合計
	観測値	期待値	観測値	期待値	
1	2	2.000	0	.000	2
2	2	2.000	0	.000	2
3	2	2.000	0	.000	2
4	2	1.996	0	.004	2
5	2	1.964	0	.036	2
6	1	.975	1	1.025	2
7	0	.055	2	1.945	2
8	0	.008	2	1.992	2
9	0	.002	2	1.998	2
10	0	.000	2	2.000	2

データを10グループに分割し、グループごとに「不満」と「満足」の観測標本数と期待標本数を求めている。グループ6では、不満と満足が各1人に分かれており、期待値は0.975人と1.025人である

分類表（a）

観測値		予測値		
		満足度		正分類パーセント
		不満1－3	満足4－5	
満足度	不満1－3	10	1	90.9
	満足4－5	1	8	88.9
全体のパーセント				90.0

正しく分類された割合をグループごとに計算
不満は11人中10人、満足は9人中8人が正しく分類され、正分類率は90.0％
（正準）判別分析でも、正分類率は90.0％だが、不満11人中満足が2人と誤分類
予測精度はロジスティック回帰分析と判別分析は大差ない

方程式中の変数

	B (回帰係数)	標準誤差 (S/E)	Wald (=B÷SE)	自由度	有意確率	Exp(B) (オッズ比)
店までの距離	13.010	11.266	1.334	1	.248	446879.119
価格評価	−6.975	5.384	1.679	1	.195	.001
定数	−24.436	28.314	.745	1	.388	.000

上記より、ロジスティック回帰式は、

$$\log \frac{p}{(1-p)} = 13.01 \times 店までの距離 - 6.975 \times 価格評価 - 24.436$$

となります。

Wald統計量の有意確率は、0.05以下であることが望ましいのですが、この計算例では有意確率が0.05超で説明変数は、予測に有効でないとされます。また、オッズ比は「価格評価」が小さく「店までの距離」が大きく有効なことを示しています。

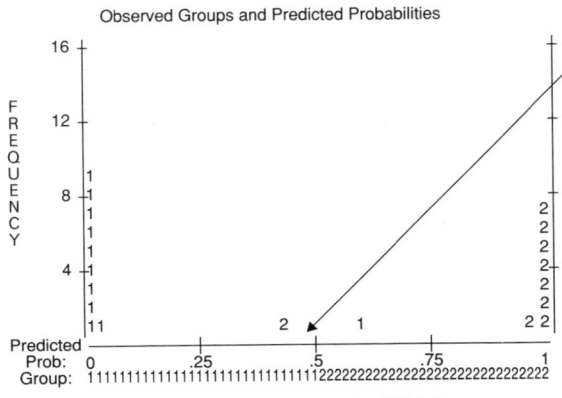

```
        Observed Groups and Predicted Probabilities
   16 +
      |
F  12 +
R     |
E     |1
Q   8 +1                                                    2
U     |1                                                    2
E     |1                                                    2
N     |1                                                    2
C   4 +1                                                    2
Y     |1                                                    2
      |11                   2        1               2  2
Predicted ─────────────────────────────────────────────────────
   Prob:  0       .25        .5        .75       1
   Group: 1111111111111111111111111222222222222222222222222222

Predicted Probability is of Membership for  満足4−5
The Cut Value is  .50
Symbols: 1−不満1−3
         2−満足4−5
Each Symbol Represents 1 Case.
```

標本ごとの個別のグループ判定図を示している。境界線値は0.5だから、0.5以下だと第1グループ、それ以上だと第2グループに分類される。
0.5付近で誤判定が生じていることがわかる。

3 結果の解釈の仕方

手順5：結果を選択し、解釈をコメントする
[コメントの例]
　①**判別関数式**
- 満足と不満を分類するロジスティック回帰式は以下のとおり。
  $\log[p/(1-p)] = 13.01 \times$ 店までの距離 $- 6.975 \times$ 価格評価 $- 24.436$
- 満足か不満かへの影響が大きいのは、価格評価と店までの距離。
- 店までの距離が大であるほど不満、価格評価が高いほど満足と判定される。

　②**判別関数式の精度**
- 判別的中率＝90％で的中率はよいといえる。
- 満足なのに不満と判定された割合は11.1％（＝1÷9）
- 不満なのに満足と判定された割合は9.1％（＝1÷11）
- 例えれば、「健康なのに病気」と誤判定された割合11.1％、「病気なのに健康」と誤判定された割合9.1％。
- 満足なのに不満と誤判定されることは、何かのきっかけで不満に転じる人がいることを示唆し、不満なのに満足と誤判定されることは、何かのきっかっけで不満から満足に転じさせる可能性があることを示唆している。

　③**対策と課題**
- 満足者を増やすには、価格評価を上げるための対策が重要。
- 満足なのに不満と判定された人が不満に転じないための対策も同様。
- 不満なのに満足と判定された9.1％は、何が原因で不満かを調べれば満足者に転じる可能性がある。

- 不満グループから満足グループに転じる対策を検討するには、さらに追加アンケートなどを実施して、以下のことを調べる必要がある。
  - ・年齢が高いほど価格評価が高い傾向があるが、価格評価を左右する要因は何か。
  - ・例えば、収入と関連があるのか。
  - ・商品の値引率と関連があるのか。
  - ・価格体系を見直し、値下げをしないのであれば、クーポンや買物金額に応じた値引率適用などによる顧客優遇策を検討したほうがよいのか。
  - ・距離が近いほど総合満足度が高いのは、競合店が近くにないためか。
  - ・買物時間が短くなることへの評価なのか。

Column

ロジスティックは"物流"とは違う

　ロジスティック回帰分析の「ロジスティック（Logistic）」は、「ロジスティックス（Logistics）」という用語と混同されますが、語源は全く無関係です。ロジスティックスは兵站（へいたん）と訳され、軍隊用語で補給という意味があり、物流会社の社名に〇〇ロジスティックなどとついていたりして、ますます混乱してしまいます。

　ロジスティック回帰分析の「ロジスティック」は、統計学のロジスティック・モデルと呼ばれる成長曲線に由来しています。このモデルは、1838年にベルギーの数学者によって考案され、生物の増殖速度は生物の人口密度に比例し、環境が与える有限の資源で養える数に近づくと増殖は減速し、ついに成長はゼロになることを簡単な数式で表記したものです。分布がS字形状になることから、シグモイド関数ともいわれています。

　ロジット（logit）という用語は、プロビット分析のプロビットの類語として用いられるようになりました。ロジットは、シグモイド関数あるいはロジスティック関数の逆関数です。

　ロジスティック回帰分析は、ロジット変換した値（オッズ比の対数変換）を予測する回帰式ですが、予測値をもとに所属グループの判別に用いられますので、判別分析の一種です。

　なお、オッズ比のオッズは、競輪・競馬では100円の投票券に対する配当率ですが、統計の世界では、ある事象が起きる確率（P）と起きない確率（1－P）の比です。

第10章

因子分析

こういうときには因子分析！

多種多様なお客様の意見や要望があって対応に頭が痛い。根本的対策を立てるにはどうすればいいのか途方に暮れてしまう。

百人百様の意見があるようでも、似たような意見をいくつかに要約すれば、潜在意識を解明し、根本的対策を考えるのに役立つよ。

1 因子分析とは

（1）潜在ニーズや商品イメージなどの探索に有効な手法

因子とは、ある現象の原因や先行条件となる共通的で潜在的な部分のことで、**因子分析**とは、いくつかの変量間に潜在する共通因子を探る解析手法です。一言でいえば「原因」を探索し理解するための解析です。例えば、消費者のライフスタイル、商品やサービスに対する態度などを分類することにより、潜在ニーズを探ったり、商品イメージを分析する際などに因子分析が用いられます。

因子分析は、心理学者が人間の心理的能力を把握しようと開発したもので、理科と数学、国語と社会といった相関関係が高い能力の間に、共通に作用する潜在的な部分（因子）があると考えたことに端を発しています。

共通に作用する因子、すなわち「知能」が高いから成績がよいと考えるのです。ただし、知能は直接観測できません。そこで、成績から知能を探索しようとしているのです。成績がよいから知能がよいと考えるよりも、知能が高いから成績がよいと考えるほうが合理的で自然です。

因子分析は、様々な意見項目への賛否反応を分析するために用いられています。賛否の反応は、特定の価値観から生じたもので、類似した意見には類似した反応を示すと考えられます。ですから、類似した意見を集めてみると特定の価値観、すなわち因子が浮かび上がってくるのです。

なお、主成分分析は、因子分析とは逆で、観測データを総合化するための解析手法です。

(2) 因子分析の用途の例

- 多数の意見項目に潜在する次元（因子）を発見し、対象者の特性別に因子をどの程度持っているか比較したい。
- ブランドイメージの構造を知り、イメージを少数の潜在因子で説明したい。また、消費者の態度をいくつかに要約したい。
- 交通量など物理的値と「混雑感を感じる──感じない」など心理的値など、多数の変数間で、似たものをまとめたい。
- 100項目以上の質問項目の測定値を、少数の次元に減らしたい。また、質問項目は、何を測っているかを確認したい。
- 重回帰分析や判別分析などの説明変数に使える変数を探したい。特に、重回帰分析の多重共線性（64ページ参照）を避けるには説明変数同士の相関が少ないことが必要なので、同じ分類に入った変数は使わないようにしたい。

(3) 因子分析に必要なデータの例

- 意見項目への賛否データ（3段階以上の尺度）。
- データの得点は、一番否定的な意見を1点にし、肯定側に＋1点を加算する簡易得点法と**シグマ値**に換算する方法。
- 異なる数量についての偏差値化（平均50、標準偏差10）や標準化（平均0、標準偏差1）したデータ。

(4) 因子分析のモデル

因子分析のモデル式は重回帰式に似ています。

$$Z = a_1 f_1 + a_2 f_2 + \cdots + a_m f_m + u$$

例えば、Zはテストの成績に相当し、fは成績に影響する共通因子です。Zは標準化（平均0、標準偏差1）しています。

共通因子（f）は因子得点と呼ばれ、これも標準化しています。

シグマ値：順序尺度の回答カテゴリーを間隔尺度に変換した値。拙著『図解ビジネス実務事典統計解析』『図解アンケート調査と統計解析がわかる本』（ともに日本能率協会マネジメントセンター刊）参照

aは共通因子と観測変数である成績の相関係数で、心理学では「因子負荷量」と呼びます。

独自因子（u）は、特殊因子（特定のテストのみに関係し、他のテストとは無関係な因子）と測定誤差を合わせたものです。

重回帰式では、目的変数は1つですが、因子分析のモデル式は、目的変数が複数あります。そこで、因子分析のモデルを行列のイメージで表わすと、次のような式になります。

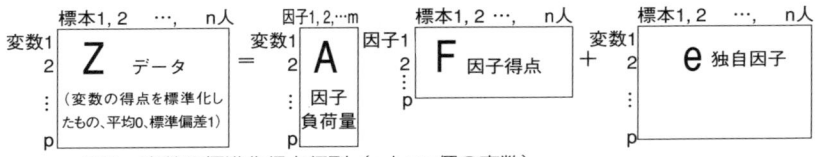

$$Z = A \times F + e$$
（p変数×n人）（p変数×m因子）（m因子×n人）（p変数×n人）

Zは、変数の標準化得点行列（n人×p個の変数）
Aは、因子負荷量の転置行列（m因子×p変数）
Fは、因子得点行列（n人×m因子）
eは、独自因子
　（ ）内は、行列の行と列のサイズを示す。
　　　pは、変数の数
　　　nは、データ数（サンプル数）
　　　mは、因子の数

(5) 因子分析に出てくる統計用語

標準化
● 平均0、標準偏差1の単位が等しいデータに変換すること。

相関行列
● 変量間の相関係数を行列で示したもの。
● 相関係数は－1と1の間。同じ変量間、例えば、変量Aと変量Aの相関係数は1、つまり、相関係数1は等しいということ。

共通性
● 因子分析にかける変量の分散のうち、その因子分析で取り上げる共通因子で説明される分散の比率。

- 共通性の値が大きい変量ほどその因子分析に重要であり、0に近いほど重要ではない。直交回転の場合、共通性の値は0から1の間をとり、斜交回転では1を超える場合もある。

独自性
- 因子分析にかける変量の分散のうち、その因子分析で取り上げる共通因子で説明されない分散の比率。

因子数の推定
- 共通性の推定結果を用いて、相関係数行列、または相関行列の対角成分を共通性に置き換えた行列をもとに、因子数を推定する。

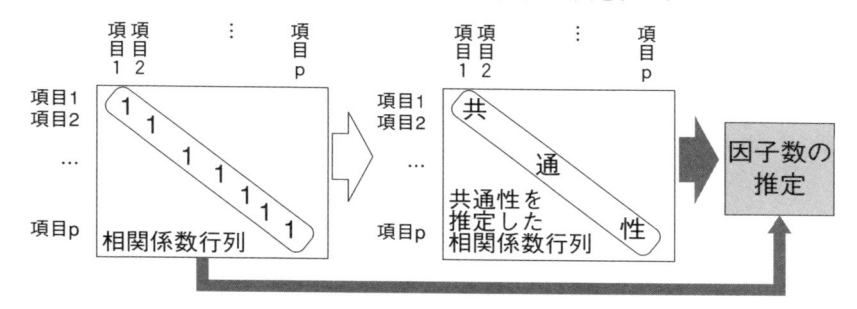

- 因子数を仮決定して因子分析を実行し、因子が解釈不能の場合は、因子数を少なくしたりして再計算を行うなど試行錯誤を行うこともある。

固有値
- （共通）因子数は、固有値、累積固有値、スクリープロットのいずれかをもとに推定する。
- 固有値をもとにする場合、固有値が1.0以上の数を因子数としたり、または、固有値の累積パーセントを計算し、累積パーセントが60%～80%になる数を因子数とする。
- 因子数は自動的に決めるものではないので、分析者が、因子分析のアウトプットを見て、複数の項目からなる解釈可能なものを因子とする。

スクリープロット
- 高得点から順にプロットすると崖（スクリー）のような形に描かれるの

で、この名称で呼ばれている。固有値を最大値から最小値まで順に並べ、その減少の様子を見る。ある段階から急に小さな固有値となって、以後は安定する段階を因子数とし、それ以下は誤差因子と考える。

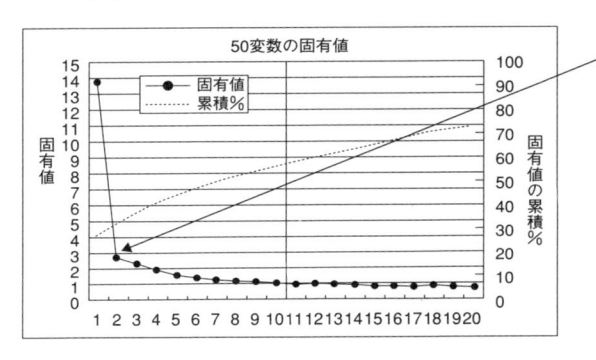

50変数の相関係数行列について、固有値のスクリープロットと累積パーセントを示した図の例。
この例では、固有値のスクリープロットは、10個を超えると安定し、固有値1.0以上の数は10個で、累積％は57％であることから10因子と推定

因子得点

- 個人別に共通因子をどの程度持っているかを推定した得点で、標準化（平均0、標準偏差1）している。
- 直交回転した因子得点間の相関は0（ゼロ）。
- 斜交回転した因子得点間の相関は0でない。

因子負荷量

- 因子得点の係数。因子と変量の相関係数で、重回帰式の偏回帰係数に相当する。
  （モデル式 $Z = a_1f_1 + a_2f_2 + \cdots + a_mf_m + u$ の a）
- 因子のネーミングは、因子負荷量が大きい変量に注目して考える。

因子軸の回転

- 因子負荷量を解釈しやすい構造にするため、因子軸（因子負荷量行列）を回転する。
- 回転方法には直交回転、斜交回転など複数の方法がある。

直交回転

- 直交回転した因子負荷量行列の相関は0で無相関となる。
- バリマックス回転…最も普及している方法

- オーソマックス回転…一般的な方法　など。

斜交回転

- 斜交回転した因子負荷量行列は相関がある。
- プロマックス回転…因子の単純構造を追求した方法
- オブリミン回転…異なる因子間の共分散を最小にする方法　など。

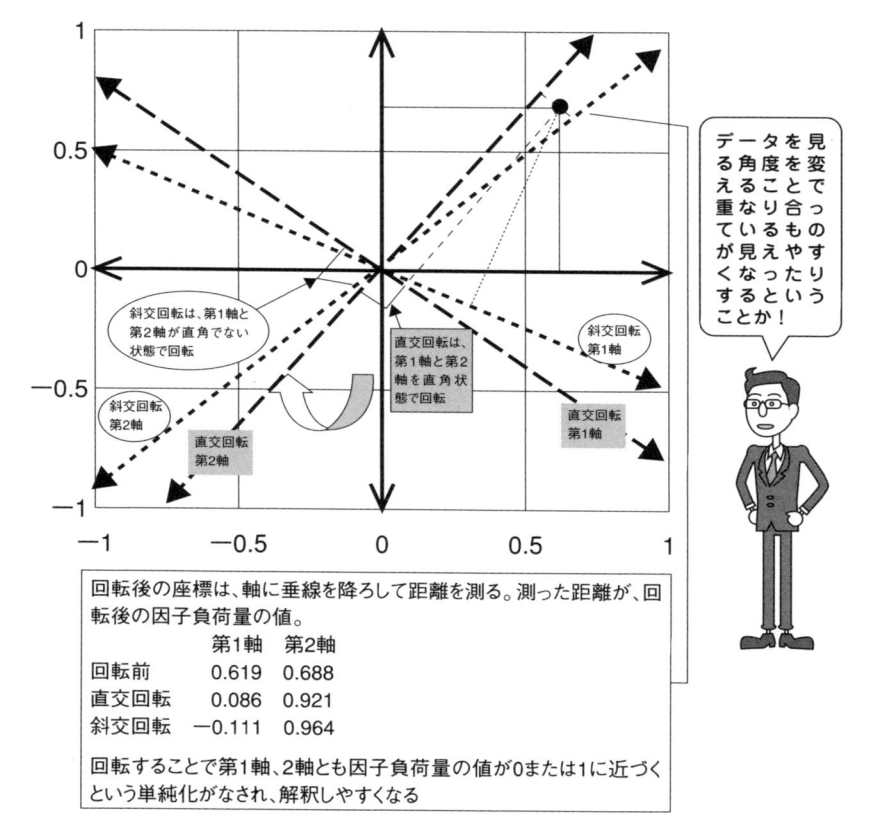

図中ラベル：
- 斜交回転は、第1軸と第2軸が直角でない状態で回転
- 直交回転は、第1軸と第2軸を直角状態で回転
- 斜交回転 第1軸
- 斜交回転 第2軸
- 直交回転 第1軸
- 直交回転 第2軸

データを見る角度を変えることで重なり合っているものが見えやすくなったりするということか！

回転後の座標は、軸に垂線を降ろして距離を測る。測った距離が、回転後の因子負荷量の値。

	第1軸	第2軸
回転前	0.619	0.688
直交回転	0.086	0.921
斜交回転	−0.111	0.964

回転することで第1軸、2軸とも因子負荷量の値が0または1に近づくという単純化がなされ、解釈しやすくなる

単純構造

- 因子負荷行列の数字が1か0になるように因子軸を回転させることにより、因子に関係のある変数のみが明らかな単純構造（1ならば関係あり、0ならば無関係）になり、解釈がしやすくなる。

2 アウトプットの導き方

(1) 解析の手順

因子分析の手順は、相関行列から出発し、共通性の推定と因子分析をもとに、因子負荷量を計算します。次に、因子軸を回転し、因子得点を計算します。

因子分析のソフトウェアを用いれば、大部分が自動的にアウトプットされますが、因子数の指定、因子軸の回転方法の選択については分析者の指示が必要となります。

手順1:解析目的に応じて、説明変数を決める
手順2:データを表形式にする
手順3:因子分析を実行する
　　　①項目間の相関行列
　　　②共通性の推定
　　　③因子数の決定
　　　④因子負荷量の計算
　　　⑤因子軸の回転
　　　⑥因子の解釈
　　　⑦因子得点の計算

⑥因子の解釈がうまくできない場合、③因子数の決定で因子数を増減したり、⑤因子軸の回転で回転方法を変えたり、軸の回転後の因子負荷量が小さい変数を分析対象から除外したりして、合理的解釈ができる因子になるまで試行錯誤していきます。

手順4：結果を選択する

　試行錯誤してアウトプットした結果から、最も解釈しやすい結果を選びます。

手順5：結果にコメントを入れる

　因子負荷量のアウトプットを整理し、因子をネーミングします。

手順6：因子得点を算出し新たな分析を行う

　個人別に因子得点を計算し、グループごとの平均値の差の検定や分散分析を行い、マーケティング的に活用します。

（2）アウトプットまでの手順

手順1：解析目的に応じて、変数を決める

　解析目的の例：ライフスタイル、買い物行動についての意見項目への評価得点をもとに消費者の態度を分類する。

　変数：ライフスタイル、買い物行動についての意見項目への評価得点（そう思わない1点、あまりそう思わない2点、どちらともいえない3点、ややそう思う4点、そう思う5点）

手順2：データを表形式にする。
（100サンプルについての26の意見項目への評価得点データ）

iD No.	q1	q2	q3	q4	q5	q6	…	q26
1	4	5	4	1	4	4	…	4
2	3	2	4	3	3	4	…	4
3	4	4	2	4	2	3	…	4
6	5	4	2	1	5	3	…	5
10	4	4	1	3	4	3	…	3
12	4	5	1	3	3	4	…	2
14	5	3	4	2	4	4	…	2
⋮	⋮	⋮	⋮	⋮	⋮	⋮	…	⋮
100	3	4	5	4	3	3	…	5

手順3：因子分析を実行する

- 初回は因子数を決定せずに実行（主因子法がおすすめ）
- 因子数の決定

因子数を指定するには、固有値1.0以上の因子数、または、固有値の累積パーセントが60％以上の因子数、または、スクリープロットが安定する因子数などを観察して仮指定し、因子分析を実行した結果が解釈しにくければ、因子数を増減させて試行錯誤します。

説明された分散の合計

成分	初期の固有値		
	合計	分散の%	累積%
1	4.73	18.21	18.21
2	1.99	7.66	25.86
3	1.65	6.35	32.21
4	1.54	5.91	38.13
5	1.32	5.09	43.22
6	1.22	4.70	47.92
7	1.15	4.41	52.33
8	1.09	4.20	56.54
9	0.98	3.76	60.30
10	0.91	3.51	63.81
11	0.84	3.23	67.04
12	0.83	3.18	70.22
13	0.78	3.01	73.23
⋮	⋮	⋮	⋮
26	0.33	1.26	100.00

因子抽出法：主因子法

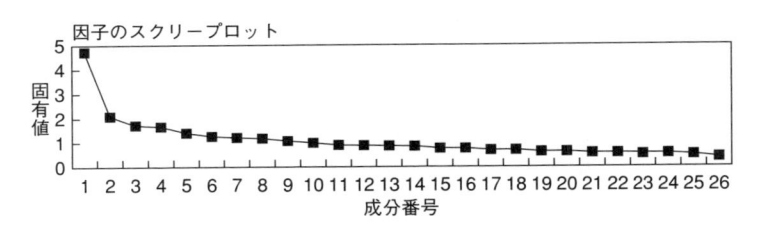

> 固有値1以上の因子数は8。しかし、累積％が60％以上の因子数は9、70％以上の因子数は12。
> そこでスクリープロットをみると、1因子11か12あたりで安定している。
> 因子数11で実行してみる。

因子のスクリープロット

主因子法：因子抽出の方法の1つ、相関行列の対角線成分を共通性推定値で置換えて求めている。

・因子軸の回転

バリマックス回転、プロマックス回転など、直交回転と斜交回転を実行して結果を比較、確認します。

11因子でのバリマックス回転の結果

	1	2	3	4	5	6	7	8	9	10	11
通信販売のカタログを見るのは楽しい	0.82	0.02	0.16	−0.02	0.08	0.21	0.02	−0.05	0.02	−0.02	0.05
買う気がなくても広告を見るだけで楽しい	0.77	0.14	0.06	0.05	0.07	−0.13	0.00	0.08	−0.06	0.10	0.03
バーゲンシーズンは広告が見逃せない	0.65	0.02	0.20	0.35	−0.03	0.16	−0.08	−0.03	0.02	−0.04	−0.04
購入後にもっと安いのを見つけた時はくやしい	0.45	0.07	0.19	0.31	0.16	0.00	0.00	0.14	0.16	0.36	0.04
多少高くてもアフターサービスを重視する	0.10	0.74	−0.06	−0.19	0.07	0.12	0.09	0.29	0.00	−0.09	0.07
疑問な点は納得ゆくまで調べて買う	−0.06	0.71	0.21	0.09	0.08	0.02	−0.04	−0.08	−0.01	0.14	0.03
ほしい商品は徹底的に探して買う	0.19	0.54	0.17	0.10	0.21	−0.01	−0.23	−0.18	−0.10	0.16	0.05
説明書は必ず読んでから購入する	0.14	0.51	−0.01	0.39	−0.07	0.07	0.13	−0.15	−0.05	0.01	−0.20
新しいものを積極的に取り入れるほうだ	0.02	0.43	0.30	0.17	0.31	0.17	−0.13	−0.20	0.36	−0.07	0.12
割引クーポンは必ず利用する	0.16	0.09	0.87	0.09	0.06	0.01	0.04	0.03	0.02	0.06	0.01
ポイントカードの特典は忘れずに利用する	0.23	0.14	0.84	0.08	0.06	0.06	0.02	−0.01	−0.05	−0.03	−0.05
高価なブランド物はアウトレットなどで買う	0.06	0.04	0.03	0.76	0.15	0.16	0.04	0.03	0.06	−0.06	0.14
ほしいものでも値下がりするまでがまんする	0.23	0.07	0.19	0.69	0.04	−0.13	0.15	0.04	−0.20	0.13	−0.08
忙しすぎると思うことがよくある	0.06	0.04	0.10	0.00	0.78	0.08	0.09	−0.12	−0.10	0.07	0.07
今の自分を変えたいと思うことがある	0.06	0.14	0.00	0.11	0.73	−0.01	−0.09	0.19	−0.01	0.05	−0.05
ブランド物は高くても品質に信頼が持てる	0.06	0.15	−0.03	−0.03	0.11	0.81	−0.09	−0.05	0.20	−0.05	0.05
メーカー品のほうが安心だ	0.02	−0.01	0.04	0.11	0.01	0.79	0.16	0.12	−0.03	0.05	−0.02
他人の評判より自分の行きつけの店が安心	0.06	0.08	−0.01	−0.09	0.00	0.10	0.78	−0.13	−0.08	0.07	0.05
なるべく近くで買い物を済ませたい	−0.07	−0.12	0.06	0.17	−0.01	−0.05	0.78	0.12	0.00	−0.01	−0.02
商品を見る目には自信がある	0.12	0.33	0.02	0.15	0.00	0.18	−0.04	−0.64	0.11	0.19	−0.05
あれこれ考えるよりおまかせパックが楽だ	0.13	0.17	0.04	0.14	0.01	0.22	−0.05	0.59	−0.07	0.20	0.03
品選びの際、他人の意見に影響されがちだ	0.33	−0.10	0.01	0.21	0.35	0.17	0.04	0.40	0.35	0.11	−0.07
今欲しいものより将来への備えが大切だ	0.07	0.13	0.08	0.20	0.24	0.05	0.04	0.07	−0.77	−0.05	0.03
新しい物を見ると試してみたくなる	0.17	0.25	0.09	0.19	0.40	0.19	−0.12	−0.11	0.50	−0.06	0.08
通販は、商品を見ないで買うので不安だ	0.06	0.09	0.00	0.00	0.07	0.05	0.05	0.02	0.01	0.90	0.07
お金があっても株式や投資信託は購入しない	0.05	0.04	0.00	0.05	−0.01	−0.01	0.04	0.04	0.00	0.07	0.96

因子抽出法：主因子法　回転法：Kaiser（人名）が考えた直交回転

● 因子負荷量の絶対値0.5以上をマークして、11因子の解釈を考えてみる。
● 10番目の因子と11番目の因子を説明する変数は1つずつしかない。
● そこで、10因子で因子分析をやりなおしてみる。

10因子でのバリマックス回転の結果

回転後の成分行列	1	2	3	4	5	6	7	8	9	10
商品を見る目には自信がある	0.67	0.12	−0.02	−0.04	0.04	0.12	0.07	−0.33	−0.03	−0.06
疑問な点は納得ゆくまで調べて買う	0.66	−0.08	0.10	0.23	0.07	−0.02	−0.06	0.18	0.16	0.06
ほしい商品は徹底的に探して買う	0.60	0.18	0.20	0.16	−0.05	0.02	−0.19	0.15	0.11	0.06
説明書は必ず読んでから購入する	0.55	0.14	−0.06	0.00	0.10	0.30	0.11	0.15	0.02	−0.17
新しいものを積極的に取り入れるほうだ	0.49	0.02	0.36	0.30	0.21	0.10	−0.15	−0.23	−0.07	0.15
多少高くてもアフターサービスを重視する	0.42	0.09	0.12	0.01	0.29	−0.32	−0.02	0.39	0.09	0.14
通信販売のカタログを見るのは楽しい	0.06	0.82	0.09	0.14	0.10	−0.02	0.04	−0.03	−0.03	0.05
買う気がなくても広告を見るだけで楽しい	0.10	0.76	0.07	0.07	−0.10	0.02	−0.01	0.14	0.15	0.03
バーゲンシーズンは広告が見逃せない	0.10	0.66	−0.02	0.19	0.16	0.34	−0.07	−0.01	−0.03	−0.04
購入後にもっと安いのを見つけた時はくやしい	0.08	0.45	0.19	0.24	0.02	0.19	−0.01	−0.06	0.42	0.05
忙しすぎると思うことがよくある	0.12	0.05	0.75	0.07	0.00	0.01	0.16	0.07	−0.02	0.05
今の自分を変えたいと思うことがある	0.05	0.05	0.74	0.02	0.03	0.08	−0.11	0.18	0.12	−0.06
新しい物を見ると試してみたくなる	0.29	0.17	0.46	0.19	0.00	0.26	0.14	−0.16	−0.35	−0.02	0.11
品選びの際、他人の意見に影響されがちだ	−0.24	0.33	0.41	0.06	0.31	0.19	−0.05	−0.10	0.29	−0.04
割引クーポンは必ず利用する	0.10	0.16	0.06	0.86	0.00	0.09	0.05	0.00	0.06	0.05
ポイントカードの特典は忘れずに利用する	0.15	0.23	0.06	0.83	−0.01	0.07	0.03	0.06	−0.03	−0.02
ブランド物は高くても品質に信頼が持てる	0.21	0.05	0.10	−0.05	0.76	−0.05	−0.05	−0.07	−0.05	−0.01
メーカー品のほうが安心だ	0.00	0.02	0.00	−0.04	0.76	0.12	0.19	0.04	0.00	−0.03
高価なブランド物はアウトレットなどで買う	0.11	0.05	0.17	0.03	0.19	0.74	−0.05	0.02	−0.02	0.15
ほしいものでも値下がりするまでがまんする	0.13	0.22	0.03	0.18	−0.12	0.67	0.15	0.22	0.15	−0.08
他人の評判より自分の行きつけの店が安心だ	0.09	0.05	−0.01	−0.01	0.08	−0.10	0.80	0.04	0.02	0.05
なるべく近くで買い物を済ませたい	−0.19	−0.07	0.00	0.09	0.02	0.18	0.73	0.05	0.05	−0.01
今ほしいものより将来への備えが大切だ	0.11	0.06	0.15	0.04	−0.05	0.20	0.12	0.71	−0.11	0.00
通販は、商品を見ないで買うので不安だ	0.19	0.04	0.05	−0.04	−0.03	−0.01	0.12	−0.08	0.83	0.05
あれこれ考えるよりおまかせパックが楽だ	−0.11	0.12	0.04	0.09	0.36	0.10	−0.14	0.37	0.40	0.06
お金があっても株式や投資信託は購入しない	0.00	0.05	−0.01	−0.01	−0.02	0.06	0.05	0.02	0.07	0.95

因子抽出法：主因子法　回転法：Kaiser の正規化を伴うバリマックス法

- 因子負荷量の絶対値0.5以上をマークしてみる。
- 8番目以下の因子を説明する変量は1つずつしかない。
- 因子の解釈がしやすい結果が出るまでこのようにして試行錯誤する。
- 同じ10因子でプロマックス法も実行してみる。

10因子でのプロマックス法の結果

パターン行列	1	2	3	4	5	6	7	8	9	10
商品を見る目には自信がある	0.72	0.09	−0.11	−0.14	0.00	0.11	0.10	−0.31	0.07	−0.08
疑問な点は納得ゆくまで調べて買う	0.67	−0.20	0.01	0.18	0.03	−0.02	−0.05	0.16	0.18	0.02
説明書は必ず読んでから購入する	0.60	0.07	−0.13	−0.11	0.11	0.32	0.09	0.18	0.03	−0.17
ほしい商品は徹底的に探して買う	0.58	0.11	0.12	0.06	−0.14	0.01	−0.18	0.15	0.10	0.02
新しいものを積極的に取り入れるほうだ	0.41	−0.12	0.25	0.24	0.13	0.08	−0.09	−0.20	−0.08	0.10
通信販売のカタログを見るのは楽しい	−0.05	0.91	0.01	0.04	0.04	−0.16	0.07	−0.03	−0.13	0.04
買う気がなくても広告を見るだけで楽しい	0.04	0.84	0.02	−0.05	−0.18	−0.10	−0.01	0.12	0.07	0.03
バーゲンシーズンは広告が見逃せない	0.03	0.63	−0.16	0.08	0.12	0.27	−0.08	0.01	−0.14	−0.03
忙しすぎると思うことがよくある	0.01	−0.02	0.88	−0.02	−0.11	−0.04	0.23	0.14	−0.07	0.00
今の自分を変えたいと思うことがある	−0.04	−0.05	0.84	−0.08	−0.09	0.04	−0.07	0.23	0.04	−0.14
新しい物を見ると試してみたくなる	0.20	0.07	0.37	0.01	0.16	0.09	−0.09	−0.31	−0.05	0.06
品選びの際、他人の意見に影響されがちだ	−0.34	0.22	0.37	−0.02	0.24	0.09	−0.13	0.22	−0.07	0.00
割引クーポンは必ず利用する	0.01	−0.02	−0.06	0.93	−0.02	−0.02	0.06	−0.05	0.01	−0.02
ポイントカードの特典は忘れずに利用する	0.05	0.09	−0.05	0.88	−0.04	−0.05	0.04	0.03	−0.10	0.00
メーカー品のほうが安心だ	−0.06	−0.07	−0.12	0.02	0.84	0.10	0.21	0.04	−0.01	−0.05
ブランド物は高くても品質に信頼が持てる	0.14	0.00	−0.03	−0.08	0.80	−0.07	0.00	−0.06	−0.09	−0.05
あれこれ考えるよりおまかせパックが楽だ	−0.15	0.00	−0.07	0.06	0.36	0.08	−0.17	0.30	0.32	0.04
高価なブランド物はアウトレットなどで買う	0.08	−0.13	0.05	−0.10	0.14	0.84	−0.09	0.12	−0.11	0.18
ほしいものでも値下がりするまでがまんする	0.15	0.06	−0.02	0.07	−0.17	0.70	0.09	0.26	0.09	−0.04
他人の評判より自分の行きつけの店が安心だ	0.09	0.10	0.08	0.00	0.14	−0.16	0.84	0.04	0.07	0.06
なるべく近くで買い物を済ませたい	−0.19	−0.11	0.09	0.12	0.08	0.15	0.74	0.06	0.01	0.03
今欲しいものより将来への備えが大切だ	0.08	0.04	0.22	−0.03	−0.05	0.26	0.08	0.81	−0.25	0.02
多少高くてもアフターサービスを重視する	0.37	0.11	0.07	−0.04	0.29	−0.35	0.01	0.37	0.05	0.02
通販は、商品を見ないで買うので不安だ	0.25	−0.10	−0.03	−0.08	−0.10	−0.08	0.12	−0.26	0.97	0.02
購入後にもっと安いのを見つけた時はくやしい	0.03	0.32	0.07	0.09	−0.05	0.20	−0.02	−0.12	0.40	0.04
お金があっても株式や投資信託は購入しない	−0.09	0.05	−0.12	−0.06	−0.09	0.17	0.07	0.04	0.03	1.01

因子抽出法：主因子法　回転法：Kaiser の正規化を伴うプロマックス法

- ●因子負荷量の絶対値0.5以上をマークしてみる。
- ●同じ10因子でも回転方法を変えると結果が微妙に違う。
- ●プロマックス法のアウトプットは、バリマックス回転よりも単純構造なので、結果が比較的解釈しやすい。

3 結果の解釈の仕方

手順4：結果を選択する

ここでは、10因子での斜交回転のプロマックス法のアウトプットを選択しました。

手順5：結果にコメントを入れる

因子にネーミングをつけ、潜在的で根源的な共通の消費に関する価値観を解釈します。

例えば、第1因子は、「商品を見る目には自信がある」、「疑問な点は納得ゆくまで調べて買う」、「説明書は必ず読んでから購入する」、「ほしい商品は徹底的に探して買う」など、商品を探索し、情報を調べ、商品を見る目を養ったのちに購入するといった購入行動の堅実さがうかがえ、『こだわり消費派』の人の態度と考えられます。

因子負荷量は因子と項目の相関指標ですから、因子のネーミングにあたっては、絶対値0.3以上の項目を検討することが望ましいでしょう。この例では絶対値が0.5以上の項目のみを表にしています。

また、ネーミングは分析者のひとりよがりにならないで、誰もが納得できる、あるいはうまいと評価できるように心がけて名づけ親になってください。

第1因子　こだわり消費派	因子負荷量
商品を見る目には自信がある	0.72
疑問な点は納得ゆくまで調べて買う	0.67
説明書は必ず読んでから購入する	0.60
ほしい商品は徹底的に探して買う	0.58

第2因子　広告大好き派

通信販売のカタログを見るのは楽しい	0.91
買う気がなくても広告を見るだけで楽しい	0.84
バーゲンシーズンは広告が見逃せない	0.63

第3因子　現状不満派

忙しすぎると思うことがよくある	0.88
今の自分を変えたいと思うことがある	0.84

第4因子　特典重視派

割引クーポンは必ず利用する	0.93
ポイントカードの特典は忘れずに利用する	0.88

第5因子　ブランド重視派

メーカー品のほうが安心だ	0.84
ブランド物は高くても品質に信頼が持てる	0.80

第6因子　値引き重視派

高価なブランド物はアウトレットなどで買う	0.84
ほしいものでも値下がりするまでがまんする	0.70

第7因子　馴染み店重視派

他人の評判より自分の行きつけの店が安心だ	0.84
なるべく近くで買い物を済ませたい	0.74

第8因子　貯蓄優先派

今欲しいものより将来への備えが大切だ	0.81

第9因子　通販忌避派

通販は、商品を見ないで買うので不安だ	0.97

第10因子　リスク忌避派

お金があっても株式や投資信託は購入しない	1.01

手順6：因子得点を算出し新たな分析を行う

全体の因子パターンがわかれば、次は、個人別に、因子をどの程度持っているかを調べます。調査目的によっては、因子の解釈で完了する場合もあります。

因子得点は、因子分析モデルより、
$F = ZR^{-1}A$
　　　F：因子得点行列（n人×m因子、標準化されています）
　　　Z：変数の標準化得点行列（n人×p個の変数）
　　　R^{-1}：相関行列の逆行列
　　　A：回転後因子負荷量行列
で求めますが、因子得点の求め方にも複数の方法があります。独自性を最小にする推定方法、共通因子による最小二乗推定法などです。なお、求められた因子得点は、平均0、標準偏差1に標準化されています。

因子得点間の相関は、直交回転を行った場合は0ですが、斜交回転を行った場合は因子間の相関は0ではありません。

斜交回転（プロマックス回転）10因子得点間相関行列

	f1	f2	f3	f4	f5	f6	f7	f8	f9	f10
f1	1.000	0.453	0.216	0.578	0.245	0.386	0.531	−0.123	0.226	−0.074
f2	0.453	1.000	0.376	0.450	0.265	0.322	0.255	−0.065	−0.017	0.178
f3	0.216	0.376	1.000	0.298	0.440	0.254	0.194	−0.165	0.193	0.434
f4	0.578	0.450	0.298	1.000	0.361	0.365	0.499	0.010	0.124	−0.041
f5	0.245	0.265	0.440	0.361	1.000	0.411	0.352	−0.118	0.243	−0.051
f6	0.386	0.322	0.254	0.365	0.411	1.000	0.420	−0.317	0.445	0.056
f7	0.531	0.255	0.194	0.499	0.352	0.420	1.000	−0.098	0.215	−0.242
f8	−0.123	−0.065	−0.165	0.010	−0.118	−0.317	−0.098	1.000	−0.100	−0.114
f9	0.226	−0.017	0.193	0.124	0.243	0.445	0.215	−0.100	1.000	−0.071
f10	−0.074	0.178	0.434	−0.041	−0.051	0.056	−0.242	−0.114	−0.071	1.000

4 高次因子分析の行い方

　高次因子分析は、因子分析で抽出した共通因子をさらに因子分析でまとめたい場合に有効な解析方法です。ただし、直交回転では、因子間相関がありませんので解析は不可能です。しかし、斜交回転では、因子間相関があるので、高次因子分析を行うことができます。

　例えば、10因子の因子間相関行列をもとにプロマックス斜交回転を行ってみると、以下のような3因子のパターン行列が算出されました。

第2次・因子分析の結果

		1	2	3
第4因子	特典重視派	0.960	−0.182	−0.011
第1因子	こだわり消費派	0.789	0.017	−0.101
第7因子	馴染み店重視派	0.726	0.195	−0.272
第2因子	広告大好き派	0.724	−0.212	0.298
第6因子	値引き重視派	0.146	0.796	0.060
第9因子	通販忌避派	−0.140	0.754	−0.080
第8因子	貯蓄優先派	0.163	−0.450	−0.162
第5因子	ブランド重視派	0.342	0.398	0.071
第10因子	リスク忌避派	−0.172	0.001	0.875
第3因子	現状不満派	0.266	0.217	0.620

　　新第1因子は優良堅実顧客
　　新第2因子は良品安価（アウトレット）志向
　　新第3因子は投資忌避
の3因子に要約することができそうです。

　このように高次因子分析の活用により、因子間の構造仮説が作成できる

ので、因子が多数抽出されたり、特殊因子を一緒に解析したい場合に有効な解析手法になりうると考えられます。

因子得点を活用して、以下の分析を行うことが望ましいでしょう。

● グループ別因子得点の平均値の比較

クロス集計と同じように、性別、年齢別などのクロスキー項目で、因子得点の平均値を比較すると、グループの特徴が明確になります。分散分析を行えば、グループ間の差が統計的に明確になります。

因子得点の得点ランク別のクロス分析を行うことも考えられます。

● 新たな多変量解析のデータに

因子得点を用いて、クラスター分析を行うことができます。

データのエッセンスが因子得点に集約されていますので、他の多変量解析でも充分に活用できます。

消費態度に関する因子分析の結果で、因子得点の平均値を性別に比較しました。例えば、以下のようなことがわかるでしょう。

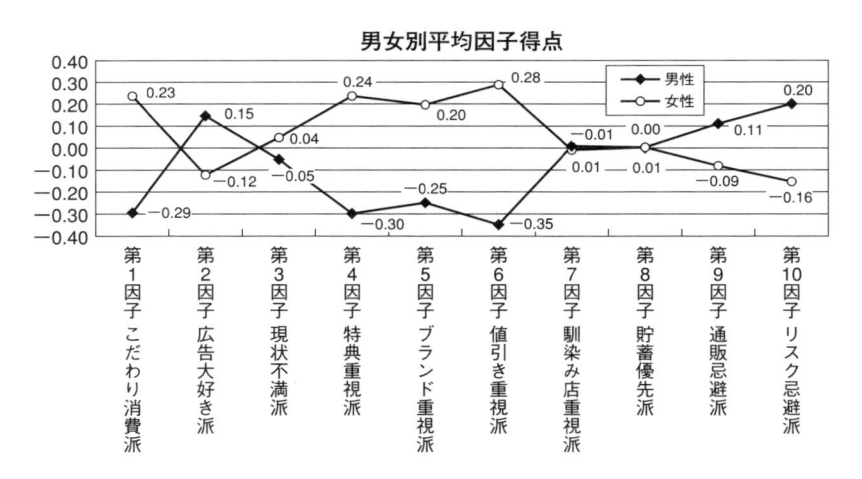

男女別平均因子得点

因子	男性	女性
第1因子 こだわり消費派	-0.29	0.23
第2因子 広告大好き派	0.15	-0.12
第3因子 現状不満派	-0.05	0.04
第4因子 特典重視派	-0.30	0.24
第5因子 ブランド重視派	-0.25	0.20
第6因子 値引き重視派	-0.35	0.28
第7因子 馴染み店重視派	0.01	-0.01
第8因子 貯蓄優先派	0.01	0.00
第9因子 通販忌避派	0.11	-0.09
第10因子 リスク忌避派	0.20	-0.16

分散分析：3グループ以上の平均の差を検定する方法。拙著『図解ビジネス実務事典　統計解析』（日本能率協会マネジメントセンター刊）参照

グループごとの平均値の差の検定（ t 検定や分散分析）を行います。

ここでは0.05以上の差があれば有意差があるとしましょう。

性差が大きい因子は、「こだわり消費、特典重視、ブランド重視、値引重視など」で、女性のほうが男性よりも大きい態度です。また、「馴染み、貯蓄優先」などの態度は性差がありません。

因子得点を得点の高低で、上位25％、下位25％、中位50％に分けて、上位下位分析を行っても、興味ある結果が表れるでしょう。

		男性	女性
第1因子　こだわり消費派	上位	10.0%	75.0%
	中位	20.0%	20.0%
	下位	70.0%	5.0%
第2因子　広告大好き派	上位	…	…
	中位	…	…
	下位	…	…

第11章

数量化Ⅲ類

こういうときには
数量化Ⅲ類！

性別・年齢別、職業別、居住地別、家族構成別、購入金額別にブランドイメージを集計してみたんだけど、総合的に何が言えるんだか？

結果を一目瞭然に示して、しかもイメージがわかりやすい方法はないかな？

1 数量化Ⅲ類とは

(1) カテゴリーデータをもとにパターン分析する手法

　数量化Ⅲ類の用途は因子分析と似ており、変量間に潜在する共通因子を探る解析手法の1つです。

　例えば、ライフスタイル意見項目への賛否データをもとに、多数のライフスタイル意見項目に潜在する次元を発見したり、個人別に因子をどの程度持っているかを調べて、対象者の特性別に比較することができます。

　また、ブランドイメージを表わす項目を重複回答で質問した結果をもとに、ブランドイメージの構造を調べることもできます。

　質問項目数の多いアンケート調査のデータを分析する際、回答パターンが類似した質問や、独特の質問を発見することにより、注目すべき質問を絞りこむこともできます。

　数量化Ⅲ類では、意見項目の賛否について、例えば、はい＝1、いいえ＝0などに2分類したカテゴリーデータを使います。

　数量化Ⅲ類は、個人別のアンケートデータをもとにしたクロス集計表の表側カテゴリー（サンプル）と表頭カテゴリー（質問の回答カテゴリー）の間の相関を最大にすることを目指した多変量解析です。

　サンプル×カテゴリーのデータ行列（あるカテゴリーに反応を1、無反応を0とした、1か0のデータ）を、反応の多いサンプルから順に、そして、ほぼ対角状になるように、「行」と「列」を入れ替え、サンプルとカテゴリーの相関を最大にします。

数量化Ⅲ類のイメージを以下に示しました。

√印は、反応ありで、データの値は1、無印は0値0となります。

		項目・カテゴリー						1'	2'	3'	…	r'
		1	2	3	…	r						
サンプル	1	√		√	…	√	1'	√	√		…	
	2		√	√			2'		√	√		
	3		√		…	√	3'			√		
	…				…		…					
	n	√	√				n'					√

　数量化Ⅲ類の解析結果は、主成分分析（または因子分析の回転前の因子負荷量行列）の結果と、ほぼ一致します。

　因子分析は、因子解釈のため因子軸を回転しますが、数量化Ⅲ類は、軸回転は行いません。

（2）数量化Ⅲ類に出てくる統計用語
カテゴリースコア
- どの項目が予測に影響しているかの指標。
- 項目（説明変数）ごとにカテゴリースコアのレンジ（最大値－最小値）が算出される。
- カテゴリースコアの絶対値が大であるほど目的変数への影響が大きく、因子分析の因子負荷量行列に相当する。

サンプルスコア
- 標本ごとにサンプルスコアが算出される。
- 各軸上の位置を示す値で、因子分析の因子得点に相当する。

〈参考〉数量化Ⅰ類、Ⅱ類、Ⅲ類の特徴

	目的	目的変数と説明変数のタイプ	解法の考え方	他の多変量解析との関係
数量化Ⅰ類	ある項目を、複数の要因で予測、説明したい	目的変数は定量的データ（数量） 説明変数は定性的データ（カテゴリー）	相関係数を最大または予測誤差の2乗の平均を最小	ダミー変数（1か0の変数）を用いた重回帰分析に相当
数量化Ⅱ類	グループを、複数の要因で判別したい	目的変数は定性的データ（グループの種類） 説明変数は定性的データ（カテゴリー）	相関比（グループ属性とグループ分けを説明するカテゴリー変数との相関。グループ間平方和÷総平方和）を最大 〈注〉平方和＝（個々の判別得点－判別得点の平均）の2乗	ダミー変数を用いた判別分析に相当
数量化Ⅲ類	・似たものどうしをまとめたい ・変数間の関連性を図示したい ・変数間の関係を要約したい ・項目間の相関関係を説明する潜在的構造を知りたい	説明変数は定性的データ（カテゴリー） 目的変数なし	クロス表の表側と表頭（個人×カテゴリー）の相関を最大	ダミー変数を用いた主成分分析に相当

第11章 ◎数量化Ⅲ類

2 アウトプットの導き方

(1) 解析の手順

手順1：解析目的に応じて、データを用意する
　　　　（説明変数はカテゴリーデータ）
手順2：数量化Ⅲ類を実施する
手順3：結果を解釈しコメントを入れる
　　　　カテゴリースコアのレンジをグラフ化する。
　　　　カテゴリースコアとサンプルスコアを散布図にする。
　　　　軸を解釈する。

(2) アウトプットまでの手順

手順1：解析目的に応じて、データを用意する
　　　　（説明変数はカテゴリーデータ）

　解析目的の例：髪の悩みについてのアンケート結果をもとに、ニーズを構造化し、シャンプーのコンセプトを考える。

データ例

	くせ毛	べたつき	まとまり	パサつき	ふけ・かゆみ	弾力	つや・潤い	ハリとコシ	枝毛・切れ毛	白髪	薄毛
男性・10歳代	1	1	0	0	1	0	0	0	0	0	0
男性・20歳代	0	1	0	0	1	0	0	0	0	0	0
男性・30歳代	1	1	0	0	1	0	0	0	0	0	0
男性・40歳代	0	0	0	1	0	0	0	0	0	0	1
男性・50歳代	0	0	0	1	0	0	0	0	0	1	1
男性・60歳代	0	0	0	1	0	0	0	0	0	1	1
男性・70歳代	0	0	0	0	0	0	0	0	0	0	1
女性・10歳代	1	1	1	0	0	0	0	0	1	0	0
女性・20歳代	0	0	1	0	0	0	0	0	1	0	0
女性・30歳代	1	0	1	0	0	0	1	0	0	0	0
女性・40歳代	0	0	1	1	0	1	1	1	1	0	0
女性・50歳代	0	0	1	1	0	1	1	1	1	0	0
女性・60歳代	0	0	0	1	0	1	1	1	1	0	0
女性・70歳代	0	0	0	0	0	1	1	1	0	0	0

手順2:数量化Ⅲ類の実施

● アウトプット例

カテゴリースコア

カテゴリ	第1軸	第2軸
くせ毛	1.3631	−0.0202
べたつき	1.8396	−0.5075
まとまり	0.0479	0.8296
パサつき	−0.7836	−0.6510
ふけ・かゆみ	2.1533	−0.8193
弾力	−0.5395	0.9177
つや・潤い	−0.3495	0.9151
ハリとコシ	−0.5395	0.9177
枝毛・切れ毛	−0.1537	0.7853
白髪	−0.7229	−0.2807
薄毛	−1.0903	−2.5283

サンプルスコア

サンプルNo.	第1軸	第2軸
男性・10歳代	1.9232	−0.5633
男性・20歳代	2.1506	−0.8323
男性・30歳代	1.9232	−0.5633
男性・40歳代	−1.0093	−1.9944
男性・50歳代	−0.9324	−1.4470
男性・60歳代	−0.9324	−1.4470
男性・70歳代	−1.1745	−3.1721
女性・10歳代	0.8340	0.3410
女性・20歳代	−0.0570	1.0130
女性・30歳代	0.3811	0.7212
女性・40歳代	−0.4680	0.6154
女性・50歳代	−0.4680	0.6154
女性・60歳代	−0.5545	0.5445
女性・70歳代	−0.5130	1.1503

3 結果の解釈の仕方

手順3：結果の解釈とコメント

● カテゴリースコアとサンプルスコアをグラフ化

第1軸

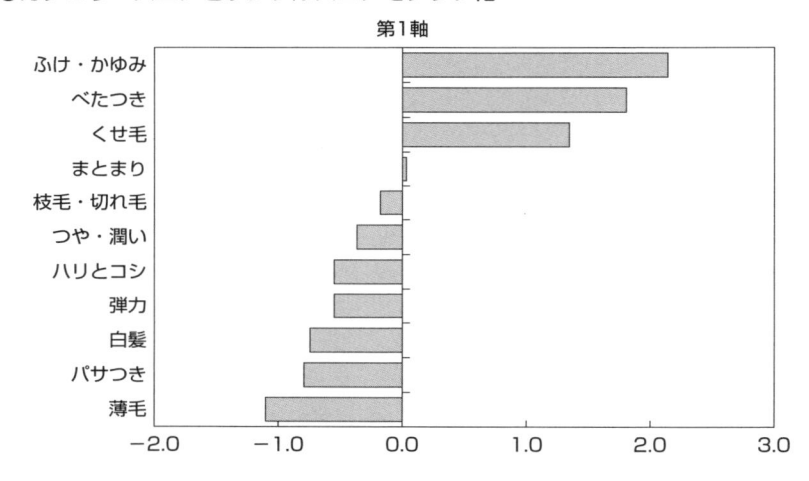

- ふけ・かゆみ
- べたつき
- くせ毛
- まとまり
- 枝毛・切れ毛
- つや・潤い
- ハリとコシ
- 弾力
- 白髪
- パサつき
- 薄毛

第2軸

- ハリとコシ
- 弾力
- つや・潤い
- まとまり
- 枝毛・切れ毛
- くせ毛
- 白髪
- べたつき
- パサつき
- ふけ・かゆみ
- 薄毛

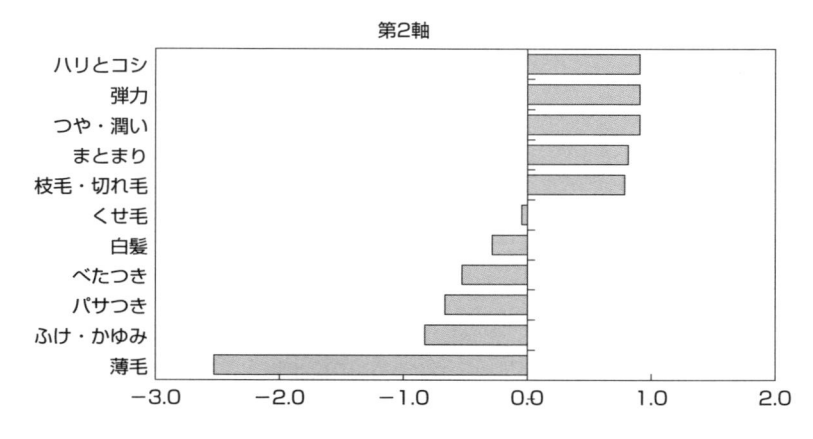

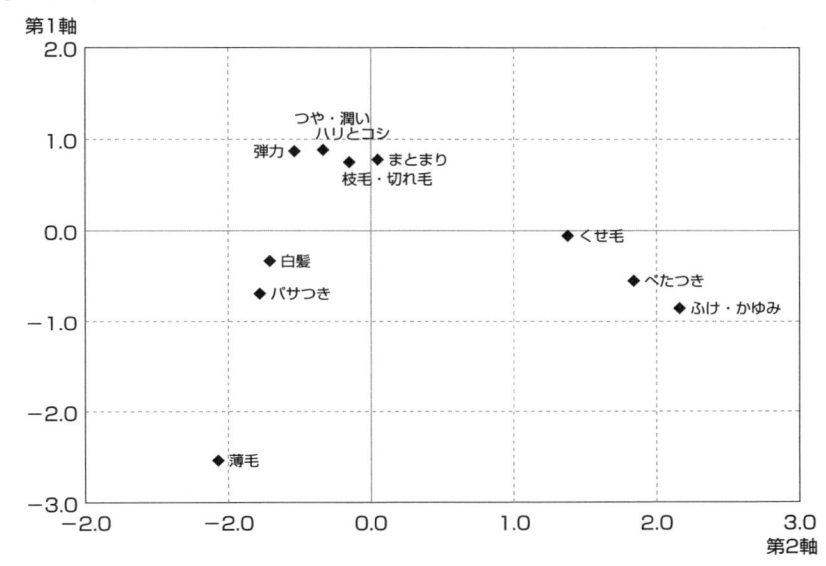

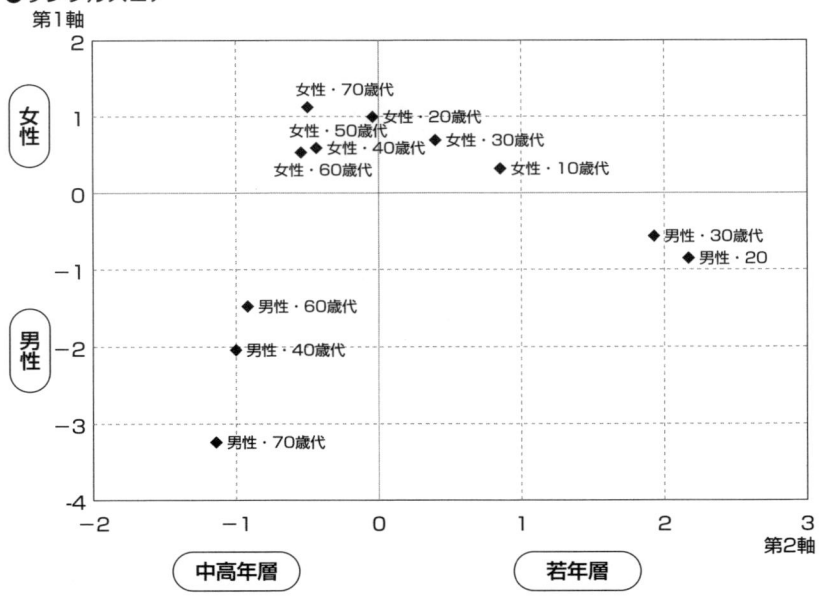

●カテゴリースコア

第1軸/第2軸プロット:
- つや・潤い
- ハリとコシ
- 弾力
- まとまり
- 枝毛・切れ毛
- 白髪
- パサつき
- くせ毛
- べたつき
- ふけ・かゆみ
- 薄毛

●サンプルスコア

第1軸(女性/男性)/第2軸(中高年層/若年層)プロット:
- 女性・70歳代
- 女性・20歳代
- 女性・50歳代
- 女性・40歳代
- 女性・30歳代
- 女性・60歳代
- 女性・10歳代
- 男性・30歳代
- 男性・20
- 男性・60歳代
- 男性・40歳代
- 男性・70歳代

●カテゴリースコアとサンプルスコア

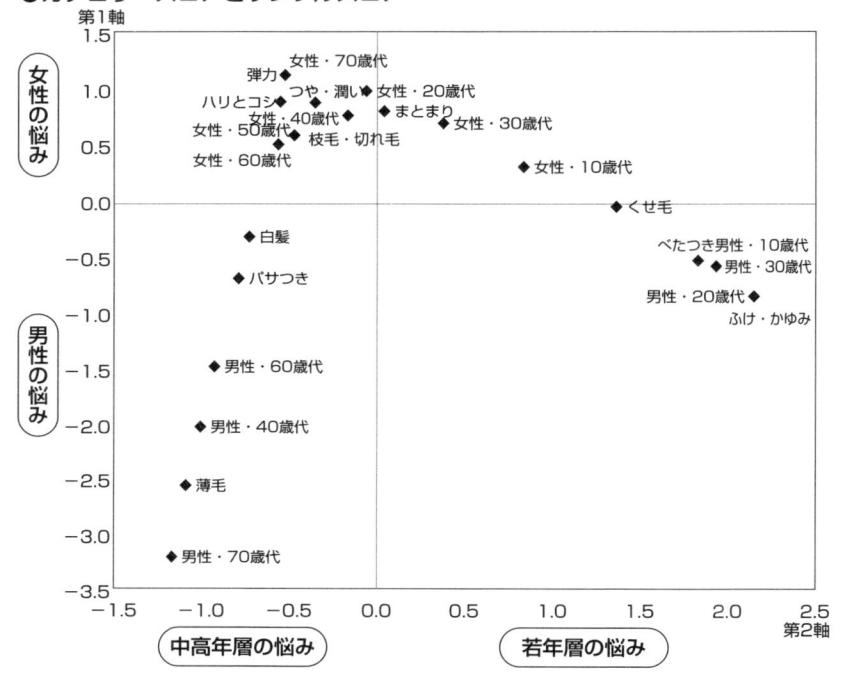

[コメントの例]

- 第1軸は「女性の悩み対男性の悩み」、第2軸は「中高年層の悩み対若年層の悩み」に分かれている。
- 若い男性とは「ふけ・かゆみ、べたつき、くせ毛など」、中・高年男性とは「薄毛、ぱさつき、白髪などの悩み」の関連が高い。
- 若い女性とは「くせ毛、まとまり」、中・高年女性とは「弾力、つや、うるおい、ハリとコシなどの悩み」の関連が高い。
- 女性の髪の悩みは年齢による開きが少ないが、男性の場合、若年層と高年齢層で悩みが大きく2分されている。
- 男性用シャンプーのコンセプトは、男性用でひとくくりにせず、若年層向けと、中・高年向けで明確にすることが望ましいと考えられる。

第12章

コレスポンデンス分析

> こういうときには
> コレスポンデンス分析！

カテゴリー数が多いと、クロス集計結果のコメントって、まとめにくいなあ。

グラフにしてもわかりにくいし、コメントも長ったらしくなるし、一目瞭然で示す方法はないかな？

1 コレスポンデンス分析とは

(1) クロス表をもとに2変量の関係をマッピングする手法

コレスポンデンス分析は**対応分析**ともいい、クロス集計表のデータをもとに、変数間の関係を1つの平面上にマッピングして示す解析手法です。

クロス集計表があれば、カテゴリー間の関係を視覚化できる簡単で便利な手法であり、公表されているクロス集計表を分析することもできます。

例えば、広告効果に関する意見への賛否を媒体別にクロス集計した数表から媒体効果を図化したり、年齢、職業、生活態度への賛否などの消費者属性と、好きなブランドの関係などを図化できます。

クロス集計表であれば、頻数分布表以外に、平均値表でも解析できます。

コレスポンデンス分析は、表側と表頭の相関が最大になるように数量化します。これは、数量化Ⅲ類と同じ考え方です。計算結果も数量化Ⅲ類と似た結果になるので、**頻数Ⅲ類**とも呼ばれます。

コレスポンデンス分析で計算された、表頭カテゴリーと表側カテゴリーの座標をデータとしてクラスター分析（次章参照）を行うことで、知りたいターゲット層と密接に関連するカテゴリーを知ることができます。

(2) コレスポンデンス分析に出てくる統計用語

カテゴリースコア
- 散布図の軸上の座標を示す値で、因子分析の因子負荷量行列に相当。
- 散布図の軸ごとにクロス表の表側（性別年齢であれば男性20歳代など）と表頭（各種のイメージや賛否）のカテゴリースコアが算出される。
- 軸解釈は、絶対値が大きいカテゴリースコアの値をもとに行う。プラス方向とマイナス方向の大きな値をもとに、軸の名称を考える。

2 アウトプットの導き方

(1) 解析の手順
手順1：解析目的に応じて、クロス集計表を用意する
　　　　（クロス集計表は、カテゴリーデータでも平均値データでもよい。クロス集計した頻数表のほか、標本別の回答結果を表形式にした生データでもよい）
手順2：コレスポンデンス分析を実施する
　　　　カイ2乗検定の判定結果から適合度をチェック
手順3：結果を解釈しコメントを入れる
　　　　カテゴリースコアをグラフ化
　　　　散布図より、変数間の関係を分析

(2) アウトプットまでの手順
手順1：解析目的に応じて、クロス集計表を用意する
　解析目的の例：タウンイメージのアンケート結果のクロス集計表をもとに、街とイメージの関係を図示する。

手順2：コレスポンデンス分析を実施する
　計算する軸数（次元数）は、2軸から1軸ずつ増やし、軸解釈ができなくなった時点で計算を打ち切る。

タウンイメージのクロス集計表の例

(単位：人)

	買い物に便利	親しみがある	明るく開放的	落ち着きがある	活気がある	センスがある	個性的	安心して歩ける	専門店が多い	東京を代表	新しいもの・情報に触れられる	緑が多い	住んでみたい	文化の香りがする	仕事・勉強に便利
原宿	42	29	63	5	58	26	43	34	24	29	55	37	9	6	10
青山	12	25	14	57	9	61	38	45	39	19	28	40	53	21	31
銀座	29	16	11	29	20	36	17	32	42	51	15	2	4	20	11
渋谷	60	39	36	5	46	16	14	32	17	24	32	4	10	6	25
新宿	45	23	23	4	53	6	7	10	19	46	22	1	4	9	24
池袋	21	11	8	3	19	2	3	12	5	7	3	1	2	3	9
上野	18	19	7	8	23	1	9	13	10	14	2	28	4	28	7
赤坂	2	4	5	30	11	26	14	14	16	14	9	5	15	13	10
六本木	4	7	18	11	31	40	31	10	18	25	27	2	13	6	6

3 結果の解釈と追加分析

手順3：結果を解釈しコメントを入れる

　カテゴリースコアのアウトプット例として、ここでは、2次元の計算結果を示します。

表側のカテゴリースコア

	軸1	軸2
原宿	0.2503	0.0422
青山	−0.5843	−0.0850
銀座	−0.1316	0.1024
渋谷	0.4255	0.0333
新宿	0.5190	0.0569
池袋	0.4895	−0.1265
上野	0.0372	−0.7807
赤坂	−0.6063	0.0737
六本木	−0.1684	0.4325

表頭のカテゴリースコア

	軸1	軸2
買い物に便利	0.6043	−0.1103
親しみがある	0.3045	−0.2168
明るく開放的	0.4161	0.1438
落ち着きがある	−0.8026	−0.0240
活気がある	0.4702	0.0311
センスがある	−0.5186	0.3421
個性的	−0.2220	0.1834
安心して歩ける	−0.0847	−0.0736
専門店が多い	−0.1945	0.0862
東京を代表	0.1577	0.1419
新しいもの・情報に触れられる	0.1520	0.2887
緑が多い	−0.2848	−0.7260
住んでみたい	−0.7085	0.0067
文化の香りがする	−0.2739	−0.6118
仕事・勉強に便利	0.0667	−0.0637

表側・表頭のカテゴリースコアを降順に並べ替えたもの

落ち着きがある	−0.80262	2		上野	−0.78065	1
住んでみたい	−0.70855	2		緑が多い	−0.72599	2
赤坂	−0.60629	1		文化の香りがする	−0.61176	2
青山	−0.58427	1		親しみがある	−0.2168	2
センスがある	−0.51862	2		池袋	−0.12645	1
緑が多い	−0.2848	2		買い物に便利	−0.11029	2
文化の香りがする	−0.27391	2		青山	−0.08504	1
個性的	−0.22198	2		安心して歩ける	−0.07361	2
専門店が多い	−0.19446	2		仕事・勉強に便利	−0.06373	2
六本木	−0.1684	1		落ち着きがある	−0.02398	2
銀座	−0.13159	1		住んでみたい	0.006722	2
安心して歩ける	−0.08467	2		活気がある	0.0311	2
上野	0.037204	1		渋谷	0.033329	1
仕事・勉強に便利	0.06667	2		原宿	0.042198	1
新しいもの・情報に触れられる	0.151972	2		新宿	0.056895	1
東京を代表	0.157687	2		赤坂	0.073679	1
原宿	0.250273	1		専門店が多い	0.086153	2
親しみがある	0.304532	2		銀座	0.102427	1
明るく開放的	0.41609	2		東京を代表	0.141883	2
渋谷	0.425548	1		明るく開放的	0.143847	2
活気がある	0.47025	2		個性的	0.183369	2
池袋	0.489475	1		新しいもの・情報に触れうれる	0.288656	2
新宿	0.518998	1		センスがある	0.342113	2
買い物に便利	0.604273	2		六本木	0.432489	1

[コメントの例]

- 軸1のカテゴリースコアの最大値は「買い物に便利」(0.6043)、最小値は「落ち着きがある」(−0.8026)で「買い物の便利さ」と「落ち着き」が対極。

  街の名前では、「新宿」(0.5190)と「赤坂」(−0.6063)が対極。

- 軸2では「センスがある」(0.3421)と「緑が多い」(−0.7260)が対極。

  街の名前では、「六本木」(0.4325)と「上野」(−0.7807)が対極。

表側・表頭のカテゴリースコアを降順に並べ替えたものをグラフ化

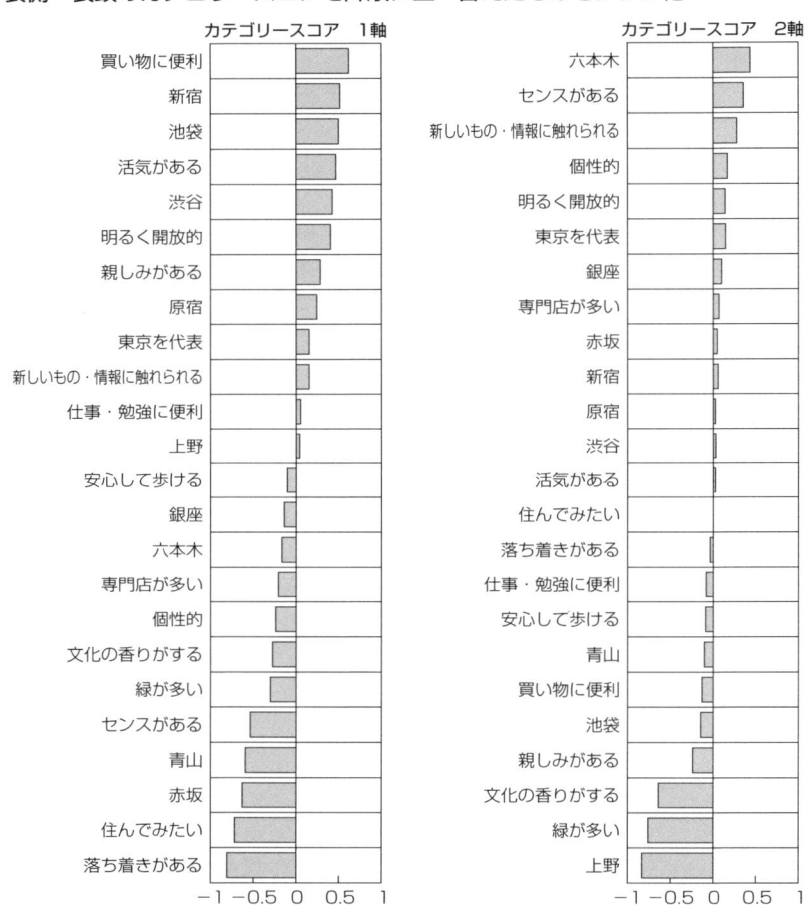

カテゴリースコア　1軸

買い物に便利	
新宿	
池袋	
活気がある	
渋谷	
明るく開放的	
親しみがある	
原宿	
東京を代表	
新しいもの・情報に触れられる	
仕事・勉強に便利	
上野	
安心して歩ける	
銀座	
六本木	
専門店が多い	
個性的	
文化の香りがする	
緑が多い	
センスがある	
青山	
赤坂	
住んでみたい	
落ち着きがある	

カテゴリースコア　2軸

六本木	
センスがある	
新しいもの・情報に触れられる	
個性的	
明るく開放的	
東京を代表	
銀座	
専門店が多い	
赤坂	
新宿	
原宿	
渋谷	
活気がある	
住んでみたい	
落ち着きがある	
仕事・勉強に便利	
安心して歩ける	
青山	
買い物に便利	
池袋	
親しみがある	
文化の香りがする	
緑が多い	
上野	

軸1と軸2のカテゴリースコアをマッピングしたもの

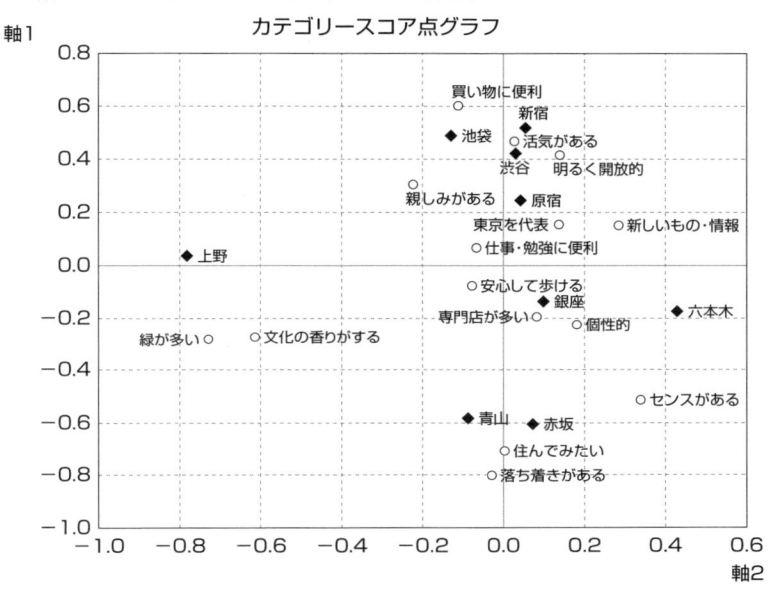

カテゴリースコア点グラフ

（軸1を縦軸、軸2を横軸とする散布図。主な点の位置：
- 買い物に便利（軸2≈0.0, 軸1≈0.6）
- 新宿（0.1, 0.5）
- ◆池袋（-0.1, 0.45）
- 活気がある（0.1, 0.45）
- 渋谷（0.0, 0.35）
- 明るく開放的（0.2, 0.35）
- 親しみがある（-0.2, 0.25）
- ◆原宿（0.1, 0.25）
- 東京を代表（-0.1, 0.15）
- 新しいもの・情報（0.3, 0.15）
- 仕事・勉強に便利（0.1, 0.05）
- ◆上野（-0.75, 0.05）
- 安心して歩ける（0.1, -0.1）
- ◆銀座（0.1, -0.15）
- 専門店が多い（-0.05, -0.2）
- 個性的（0.2, -0.2）
- ◆六本木（0.45, -0.15）
- 緑が多い（-0.75, -0.25）
- 文化の香りがする（-0.4, -0.25）
- センスがある（0.45, -0.5）
- ◆青山（-0.1, -0.6）
- ◆赤坂（0.1, -0.6）
- 住んでみたい（0.15, -0.7）
- 落ち着きがある（0.1, -0.8））

●カテゴリー間の位置の近さより、タウンイメージを分析すると以下のとおりとなる。

　　緑が多く、文化の香りがする街…上野
　　落ち着きがあり、住んでみたい街…赤坂、青山
　　センスがあり、個性的な街…六本木
　　買い物に便利で活気がある街…池袋、新宿、渋谷
　　専門店が多く、安心して歩ける街…銀座

●しかし、「仕事・勉強に便利」「新しいもの・情報に触れられる」「東京を代表する」など、どの街と結びつくのかわかりにくい位置にあるカテゴリーもある。

第12章 ◎コレスポンデンス分析

●そこで、軸1と軸2の座標をデータとしてクラスター分析を行う。

アウトプット例（群平均法で実施）

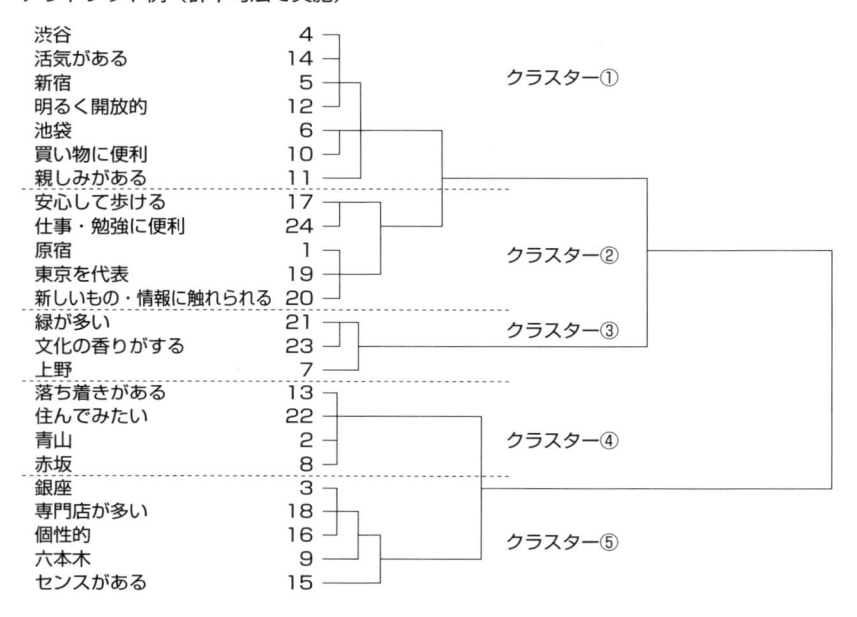

項目	番号	クラスター
渋谷	4	クラスター①
活気がある	14	
新宿	5	
明るく開放的	12	
池袋	6	
買い物に便利	10	
親しみがある	11	
安心して歩ける	17	クラスター②
仕事・勉強に便利	24	
原宿	1	
東京を代表	19	
新しいもの・情報に触れられる	20	
緑が多い	21	クラスター③
文化の香りがする	23	
上野	7	
落ち着きがある	13	クラスター④
住んでみたい	22	
青山	2	
赤坂	8	
銀座	3	クラスター⑤
専門店が多い	18	
個性的	16	
六本木	9	
センスがある	15	

●タウンイメージは、5分類できると考えられる。

　①活気があり、開放的で買い物に便利、親しみがある街…渋谷、新宿、池袋

　②安心して歩ける街、仕事・勉強に便利、東京を代表する街、新しいもの・情報に触れられる…原宿

　③緑が多く、文化の香りがする街…上野

　④落ち着きがあり、住んでみたい町…青山、赤坂

　⑤専門店が多く、個性的で、センスがある…銀座、六本木

群平均法：202ページ参照。

- この結果をもとに、布置図を〇で囲むとわかりやすい。
- 軸解釈としては、軸1「活気−落ち着き」、軸2「センス−文化」を示している。

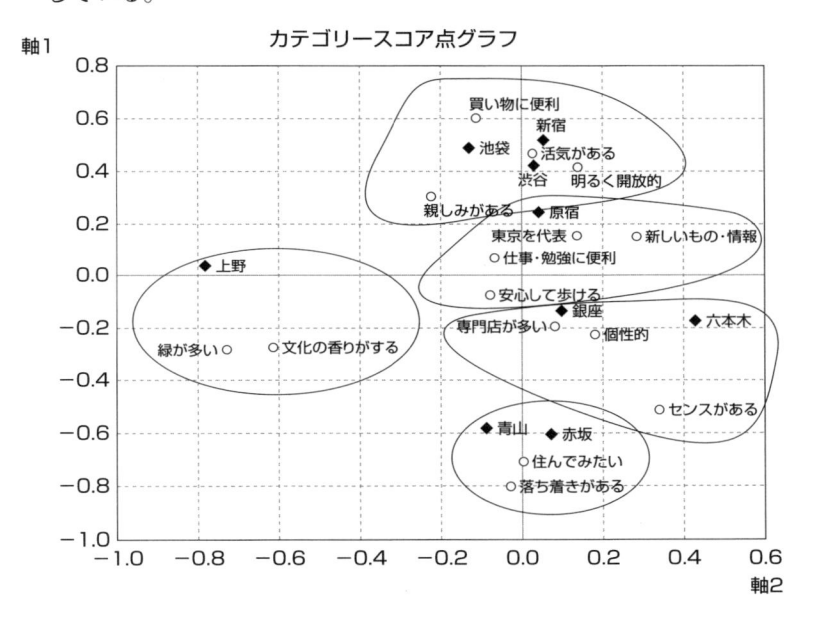

カテゴリースコア点グラフ

（軸1：縦軸、軸2：横軸）

プロットされている項目：
- 買い物に便利
- 新宿 ◆
- 池袋 ◆
- 活気がある
- 渋谷 ◆
- 明るく開放的
- 親しみがある
- 原宿 ◆
- 東京を代表
- 新しいもの・情報
- 仕事・勉強に便利
- 上野 ◆
- 安心して歩ける
- 銀座 ◆
- 専門店が多い
- 個性的
- 六本木 ◆
- 緑が多い
- 文化の香りがする
- センスがある
- 青山 ◆
- 赤坂 ◆
- 住んでみたい
- 落ち着きがある

Column

因子分析と主成分分析の注意点

　統計解析パッケージのSPSSの因子分析では、因子抽出方法の初期設定（デフォルト）が主成分分析になっており、因子分析を行うリサーチャーの間違いの原因のひとつになっています。

　因子分析は、データを共通因子に分解する方法であるのに対し、主成分分析は、データを総合化する方法です。

　因子分析は、心理学における知能の研究にしばしば用いられます。それは、知能（構成概念）が高いことが原因でテスト得点（観測変数）が高くなると考えるほうが、テストの成績が高いことが原因で知能が高くなると考えるより自然だからです。

　主成分分析は、経済学の各種指標にしばしば用いられます。それは、例えば物価（観測変数）が高いことが原因で、その結果として物価指数（構成概念）が高く設定されると考えるほうが、物価指数が高いことが原因で物価が高くなると考えるより自然だからです。

　因子分析も主成分分析も、似たような結果が出てきます。しかし、たとえ分析結果が似ていたとしても、原因と結果を逆転させた分析は失格です。使い方を間違うなかれ！

第13章

▼

クラスター分析

> こういうときには
> クラスター分析！

顧客対策といっても お客様は様々。
お客様をタイプ別にグルーピングして対策を考えるにはどうすればいいんだろう？

どんな対策が可能かを考えつつ、その対策を考えるには、お客様をどんな要素で分類し、いくつにタイプ分けすればよいのかなども考える必要があるね。

1 クラスター分析とは

(1) 似たもの同士を集めてグループに分類する手法

クラスター分析とは、いろいろな特性をもつサンプル（調査対象者）を、「類似性の指標」をもとに、似たもの同士を集めていくつかのグループ（クラスター）に分類する方法の総称で、マーケットセグメンテーションの有効なツールです。クラスターは、ブドウなどの房、同類の群、集落を意味します。

判別分析では特定のグループに分ける「目安」を調べますが、クラスター分析はいくつグループがあるかといった情報がゼロの段階からスタートします。

クラスター分析には様々な方法が考案されており、類似性の指標も多数あります。同じ手法でも、異なる類似性の指標を使えば、異なる結果になることもあるので、複数のクラスター分析を実施し、調査目的や調査仮説の検証という視点で、1つだけ解析結果を選定することになります。

①クラスター分析の手法

クラスター分析は、階層的方法と非階層的方法の2つに大別されます。

● **階層的方法**

似たもの同士をグルーピングして、いくつかのクラスターにまとめる方法です。樹状図（**デンドログラム**）により、クラスターをグルーピングしていく過程がわかります。

階層法は、クラスターを作るときの類似性を示す距離の測り方により、**最近隣法、最遠隣法、群平均法、重心法、メディアン法、ウォード法**などがあります。それぞれの距離の測り方をイメージで表わすと、次のようになります。

類似性の指標：類似の程度を定量的に測る指標。例えば距離や相関係数。詳しくは203ページ参照。

最近隣法
最も近い距離

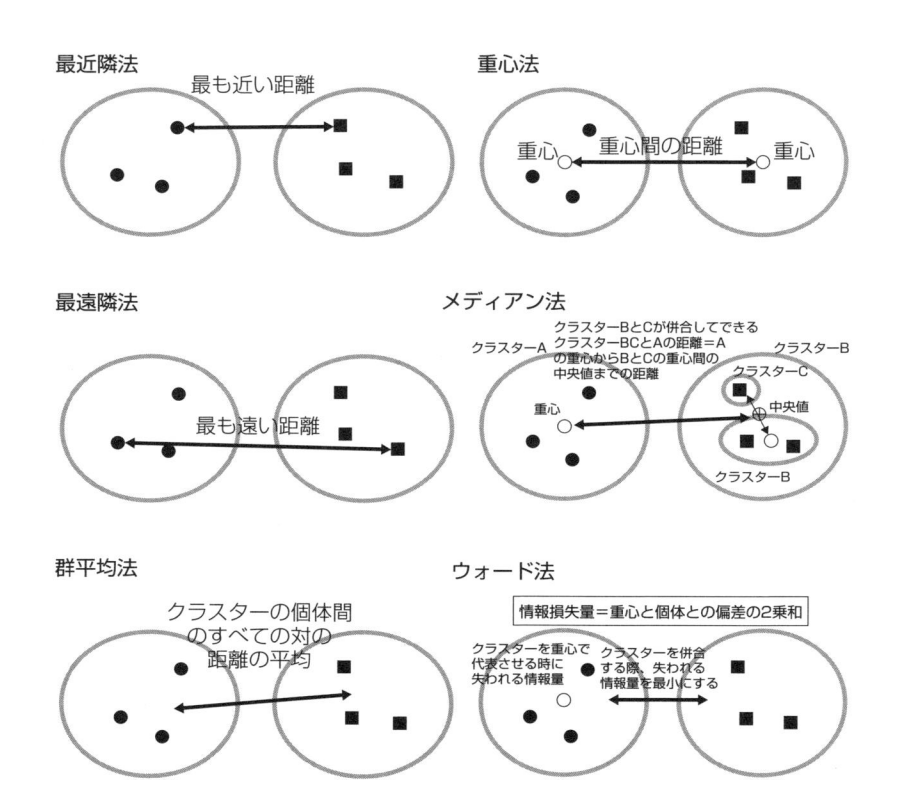

重心法
重心　重心間の距離　重心

最遠隣法
最も遠い距離

メディアン法
クラスターA
クラスターBとCが併合してできる
クラスターBCとAの距離＝A
の重心からBとCの重心間の
中央値までの距離
クラスターB
クラスターC
重心　中央値
クラスターB

群平均法
クラスターの個体間
のすべての対の
距離の平均

ウォード法
情報損失量＝重心と個体との偏差の2乗和
クラスターを重心で代表させる時に失われる情報量
クラスターを併合する際、失われる情報量を最小にする

● **非階層的方法**

　集団全体をながめてみて、似たもの同士が同じクラスターに入るように集団を分割し、最終的に個体レベルまで分割する方法です。クラスターの数を指定する必要があり、例えば2、3、…、7クラスターなど、1つずつ試算し、クラスターに含まれるサンプル数がどう変化するかを見て、クラスター数を決めます。

　非階層的方法には**最適化法（K平均法）**などがあります。

　K平均法は、次のような考え方で、クラスター化します。

K平均法

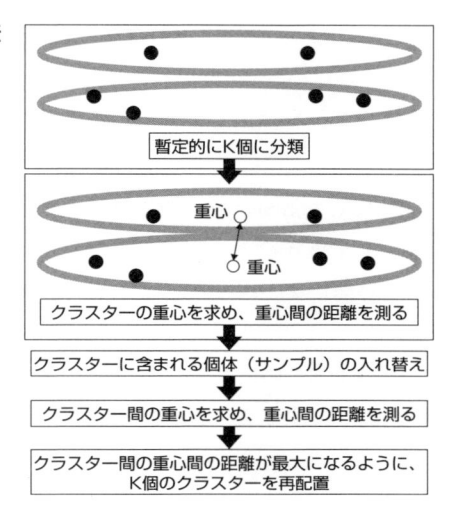

```
┌─────────────────────────────────┐
│  暫定的にK個に分類               │
└─────────────────────────────────┘
         ↓
  重心 ○
       ○ 重心
┌─────────────────────────────────┐
│ クラスターの重心を求め、重心間の距離を測る │
└─────────────────────────────────┘
         ↓
┌─────────────────────────────────┐
│ クラスターに含まれる個体（サンプル）の入れ替え │
└─────────────────────────────────┘
┌─────────────────────────────────┐
│ クラスター間の重心を求め、重心間の距離を測る │
└─────────────────────────────────┘
┌─────────────────────────────────┐
│ クラスター間の重心間の距離が最大になるように、│
│     K個のクラスターを再配置         │
└─────────────────────────────────┘
```

クラスター分析の方法と手法名を、整理してみました。

クラスター分析の方法	手法名
階層的方法 似たもの同士を併合して、クラスターに まとめる	最近隣法
	最遠隣法
	群平均法
	重心法
	メディアン法
	ウォード法
	その他
非階層的方法 集団全体から出発し、似たもの同士を 同じクラスターに分割	最適化法（K平均法）
	その他

②類似性の指標

クラスター分析では、類似性の指標として、類似度と非類似度の2つの指標を用います。

● **類似度**──近ければ近いほど、「大」になる値、例えば、相関係数。

類似度の指標も、変数の尺度に応じて、いろいろと考案されています。変数の尺度に応じて、以下のような値を算出し、その大小でクラスターを作っていきます。

同一尺度間の類似度は、間隔尺度＝相関係数、順序尺度＝グッドマン・クラスカルのγ、名義尺度＝ファイ係数がよく用いられます。尺度が混在している場合は、相関係数が一般的です。

間隔尺度
・ピアソンの相関係数

$$\text{相関係数} = \frac{XYの偏差平方和}{\sqrt{Xの偏差平方和} \times \sqrt{Yの偏差平方和}} \quad \text{など}$$

順序尺度
・グッドマン・クラスカルのγ

$$\gamma = \frac{\text{サンプルAとBでデータの順位が一致した対の数}}{\text{サンプルAとBでデータの順位が不一致の対の数}} \quad \text{など}$$

名義尺度

		サンプルA（カテゴリーは1か0）		
		計	1	0
サンプルB（カテゴリーは1か0）	1	a+b	a	b
	0	c+d	c	d
	計	n=a+b+c+d	a+c	b+d

・一致係数 = (a+d) ÷ n

・ファイル係数 = $\dfrac{ad-bc}{\sqrt{(a+b)(a+c)(b+d)(c+d)}}$

・類似比 = a ÷ (n−d) など

● **非類似度**──遠ければ遠いほど、「大」になる値、例えば、距離。

非類似度の指標は、**距離指標**ともいい、距離の大小をクラスターを作るときの指標とします。距離にもいろいろな種類があります。

・**直線距離**…a地点からb地点までの直線距離を、統計学では、**ユークリッド距離**といいます。

・**市街地距離**…市街地内を移動するときは、直線距離では移動できません。碁盤の目状の道路を通ります。それが市街地距離です。

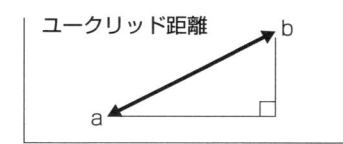

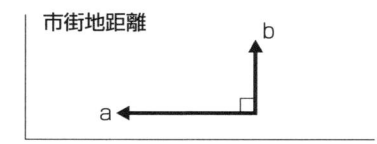

このほか、次のような距離もあります。

- **ミンコフスキー距離**…ユークリッド距離と市街地距離を含む指標。
- **マハラノビスの汎距離**…分散共分散行列の推定値を使った指標。

③クラスター分析の手法と類似性の指標の関係

クラスター分析の手法と類似性の指標との間には、下表のように、適・不適の関係があります。統計ソフトウェアを使用する際には、クラスター分析手法にあった類似性の指標を選ばなければなりません。

クラスター分析の手法と類似性の指標の関係（○適、×不適）

	距離指標	類似度指標
最近隣法	○	○
最遠隣法	○	○
群平均法	○	○
重心法	ユークリッド距離のみ	×
メディアン法	ユークリッド距離のみ	×
ウォード法	ユークリッド距離のみ	×

パソコンや統計解析ソフトウェアのメモリー制限や階層図の見やすさなど、分析対象のサンプル数により、階層法と非階層法を以下のように使い分けることが望ましいでしょう。

- 100サンプル以下⇒階層法
- 100～300サンプル⇒階層法と非階層法の両方
- 300サンプル以上⇒非階層法（場合により、サンプル抽出で階層法）

(2) クラスター分析に出てくる統計用語

クラスター

- 似通ったデータをグルーピングした集落（クラスター）のこと。

- クラスターに分類するには、似たもの同士をグルーピングしていく階層的方法と、似たもの同士が同じクラスターに入るように集団を分割していく非階層的方法がある。
- 似たもの同士を判定する類似性の指標には、類似度と非類似度の2つの指標がある。
- クラスター分析の方法は、階層的方法か、非階層的方法か、類似性の指標に何を用いるかにより、様々な方法がある。

階層的方法

- 似たもの同士を併合してクラスターを作るときの距離の測り方により、次のような方法がある。

　　最近隣法…最も近い距離を測る。
　　最遠隣法…最も遠い距離を測る。
　　群平均法…クラスターの個体間のすべての距離の平均を測る。
　　重心法…重心間の距離を測る。
　　メディアン法…距離の中央値を測る。
　　ウォード法…クラスター併合の際、失われる情報量を最小にする。

非階層的方法

- 最適化法（K平均法）などがある。
- K平均…クラスターの重心間の距離が最大になるようにクラスター数を決める。

類似度

- 近ければ近いほど、「大」になる値、例えば、相関係数など。

非類似度

- 遠ければ遠いほど、「大」になる値、例えば、距離。
- 距離には直線距離（ユークリッド距離）、市街地距離などがある。

デンドログラム

- 階層的方法で、個々のデータを似たもの同士で併合してクラスターを形成する過程を示す樹状図のこと（208〜210ページ参照）。

2 アウトプットの導き方

(1) 解析の手順

手順1：解析目的に応じて、説明変数を決める
手順2：データを表形式にする
手順3：クラスター分析手法を選択し解析を行う
　　　　複数手法で試行錯誤
手順4：結果を選択する
　　　　クラスターごとのサンプル数のバランスなどを基準に選択
手順5：クラスター別に説明変数をクロス集計する
　　　　クラスターの特徴が発見できなければ、手順4に戻る
手順6：結果をグラフ化しコメントを入れる
　　　　クラスターのデンドログラムを図示
　　　　各クラスターの特徴を、クロス集計結果からコメント

(2) アウトプットまでの手順

手順1：解析目的に応じて、説明変数を決める

　解析目的の例：自店の評価得点をもとに顧客をグルーピングし、グループ特性に応じたDM戦略を考える資料とする

　説明変数：品揃え、品質、価格、接客、顧客サービスの評価得点

手順2:データを表形式にする

標本NO	評価得点				
	品揃え	品質	価格	サービス	接客態度
1	9	7	7	6	8
2	8	8	8	9	10
3	8	8	8	5	5
4	8	8	8	5	4
5	8	7	7	8	4
6	7	7	5	5	6
7	7	8	7	4	4
8	7	5	6	7	9
9	6	6	6	7	5
10	6	7	4	6	7
11	6	4	5	6	7
12	6	6	6	5	6
13	6	7	7	7	7
14	6	6	5	4	3
15	5	7	7	5	5
16	5	5	5	4	4
17	5	7	6	7	6
18	5	4	4	3	4
19	5	5	6	4	4
20	4	6	6	5	3

手順3:クラスター分析手法を選択し解析を行う

最近隣法の結果(SPSSでは単一連結と表示される)

ここでは、ユークリッド距離を用いている(以下同様)。

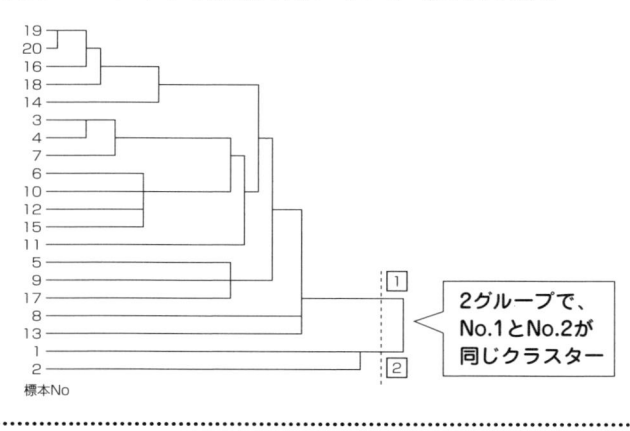

2グループで、No.1とNo.2が同じクラスター

最遠隣法の結果（SPSSでは平均連結（グループ間）と表示される）

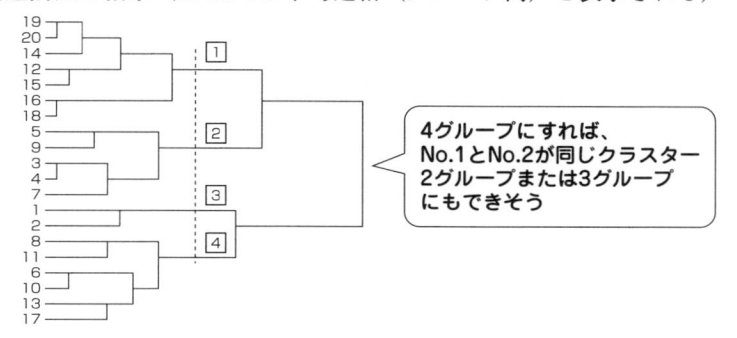

> 4グループにすれば、No.1とNo.2が同じクラスター
> 2グループまたは3グループにもできそう

群平均法の結果（SPSSでは平均連結（グループ間）と表示される）

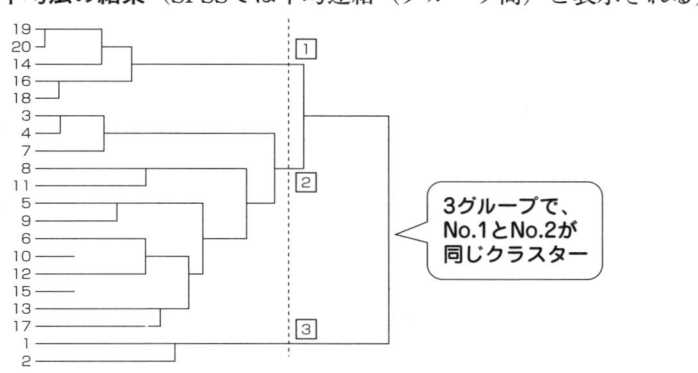

> 3グループで、No.1とNo.2が同じクラスター

群平均法の結果（SPSSでは平均連結（グループ内）と表示される）

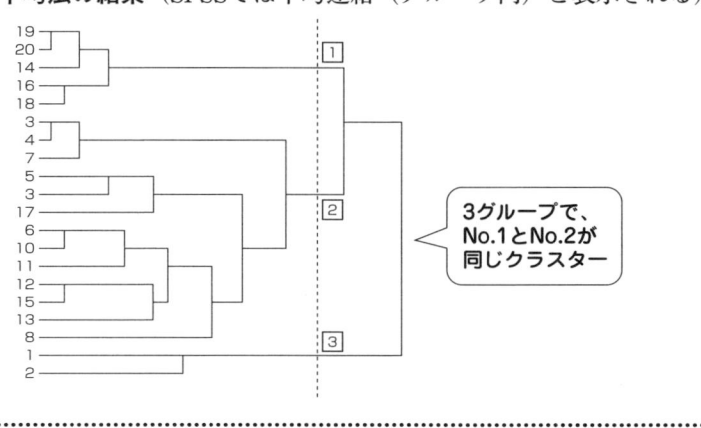

> 3グループで、No.1とNo.2が同じクラスター

重心法の結果（SPSSでは重心連結と表示される）

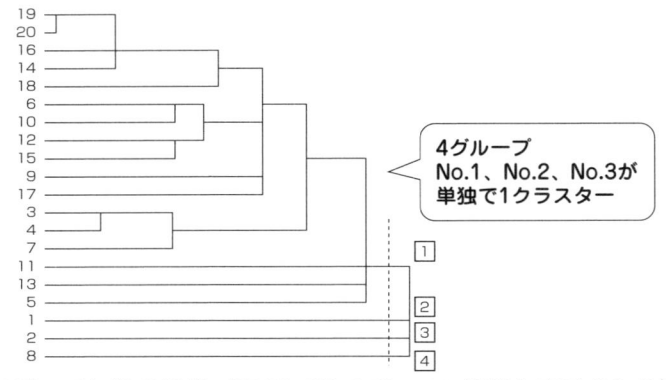

> 4グループ
> No.1、No.2、No.3が
> 単独で1クラスター

メディアン法の結果（SPSSではメディアン連結と表示される）

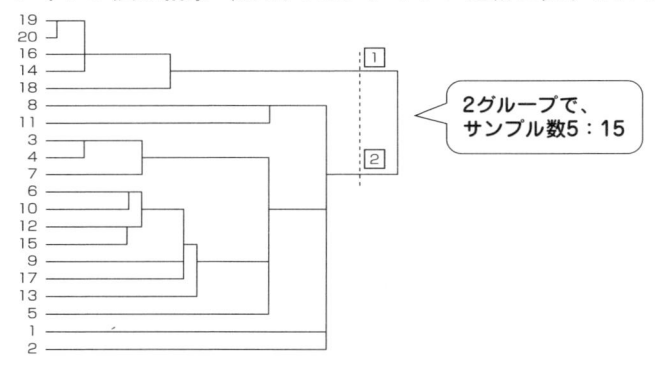

> 2グループで、
> サンプル数5：15

ウォード法の結果（SPSSではWard法と表示される）

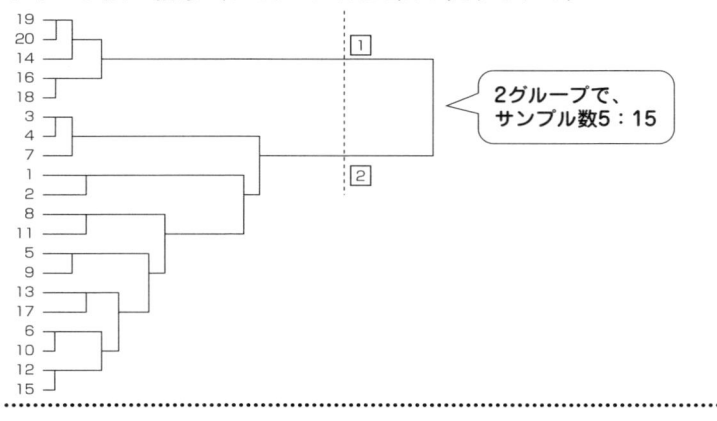

> 2グループで、
> サンプル数5：15

K平均法

　大規模サンプルの場合、クラスター数を指定し、クラスター別に含まれるサンプル数をアウトプットします。

　その際、クラスター数の目安をつけるため、K平均法を適用する前に、無作為に100サンプル程度抽出し、階層的クラスター分析を行うことが考えられます。

3 結果の解釈の仕方

手順4：結果を選択する

クラスターごとのサンプル数のバランスなどを基準に選択する。

最遠隣法の結果の採用を検討する。

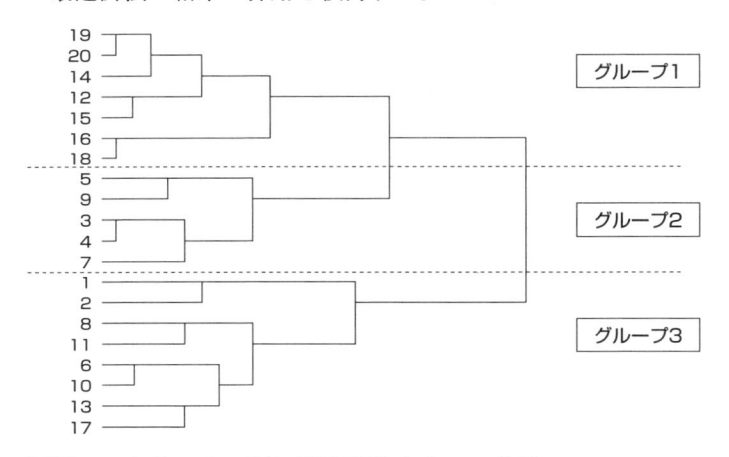

```
19 ┐
20 ┤
14 ┤
12 ┤         グループ1
15 ┤
16 ┤
18 ┤
- - - - - - - - - - - - - - -
5  ┐
9  ┤
3  ┤         グループ2
4  ┤
7  ┤
- - - - - - - - - - - - - - -
1  ┐
2  ┤
8  ┤
11 ┤         グループ3
6  ┤
10 ┤
13 ┤
17 ┘
```

手順5：クラスター別に説明変数をクロス集計

	品揃え	品質	価格	サービス	接客態度
グループ1	5.1	5.6	5.6	4.3	4.1
グループ2	7.4	7.4	7.2	5.8	4.4
グループ3	6.8	6.5	6.0	6.6	7.5

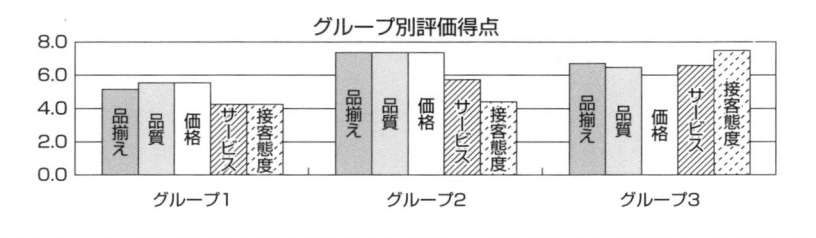

グループ別評価得点

手順6：結果をグラフ化しコメントを入れる

採用したクラスターは手順4の図。

クラスター化された3グループについて、評価得点の平均値を算出して比較した。（手順5の表とグラフ）

［グループ1］全般に批判的な評価のグループ
　　全般に評価得点が低く、特にサービス、接客態度の評価が低い。
［グループ2］商品は評価している一方、サービス面の評価は厳しい浮動票的グループ
　　品揃え、品質、価格の評価得点は高いが、接客態度の評価が低い。
　　サービスや接客面の評価が上がればファン層になるが、このままでは離反する可能性も懸念される。
［グループ3］全般に好意的な評価のグループ
　　評価得点が特に低い項目はなく、接客態度の評価得点が高い。

- 3グループとも商品面（品揃え、品質、価格）の評価は5点以上でまずまずだが、サービス面（サービスと接客態度）の評価に開きが大きい。
- 特に接客態度について、何が評価を二分しているかを調べて対策を検討する必要がある。
- 接客対策のメインターゲットはグループ2。
- グループ2は、商品面の評価得点が高いので、接客態度の評価を上げることができれば、満足度の高いファン層とすることができる。
- グループ3は、核となるクラスターで、大事な顧客層である。
- グループ1も接客対策を足掛かりにイメージアップできれば改善の可能性あり。

＜参考＞
●クラスター分析の限界

　ここで示した分析例は、あくまでここに示したデータの範囲での分析であることは言うまでもありません。

　実際には、これだけのデータ項目でクラスター分析をすることは非現実的であり、サンプル数も、もっと多くなければ意味がありません。

　この例ではさらに、購入金額、来店頻度、主な購入品目なども加味して各クラスターの特徴を分析し、対策を検討する必要があります。コメントでも触れたように、クラスター分析でグループに分けただけで分析が完了することはありません。

　クラスター分析は、対象者の意見項目への賛否をもとに意識で人間をグルーピングします。例えば、因子分析の因子得点を類似度や非類似度を計算するためのデータとしてクラスター分析を用い、対象者をグループ分けします。

　さらに、クラスターごとに行動や特性を分析することで、意識と行動の関係を探索することができます。そのためには、クラスター分析した結果をもとに、クロス集計でクラスターごとの特徴を調べ、合理的な解釈ができるクラスターになっているか、解釈の結果を対策に生かすことができるか、などを検討することが必要です。

　クラスター分析は、分析者が異なれば同じデータを使っても異なる結果になる可能性が大きい解析手法です。クラスター分析を受け入れてもらうためには、結果の受け手を納得させ、時には驚かせたりするような結果が導き出せるかどうかにかかってきます。もちろん、ごく当たり前の結果になることもあります。

　使えるデータがあるならば、各種のクラスター分析を行い、クロス集計をすることで、各手法の特徴や癖を体感してください。

●**クラスター分析をクラスター分析**

　ここで示したアウトプットは、あくまで一例です。

　本文で説明したように、クラスター分析は、手法の種類（階層的、非階層的）と類似性の指標の組合せにより、たくさんの方法があります。

　クラスター分析の手法と類似性の指標のクラスター分析が必要だという冗談があるくらいです。

　パソコンとソフトウェアのおかげで、色々な方法を試してアウトプットを出すまでは簡単ですが、用いる方法によって結果も異なってくるので、結果の選択には分析者の知見が問われることになります。

Column

統計解析に役立つウェブサイト

　ウェブサイトでも統計解析のホームページが数多くあります。その中から、役に立つと思われるサイトを紹介しましょう。

統計学習　http://www.ec.kagawa-u.ac.jp/~hori/statedu.html
香川大学経済学部経営システム学科堀啓造教授のサイトです。統計学習のサイト紹介や統計ソフト・おもらい君などの紹介もあります。リンクできないサイトがあるのが難点です。

統計処理ソフトR　Rのサイトは多いので代表的なものを紹介します。
http://www.okada.jp.org/RWiki/
Rは無料のソフトウェアで、しかもオープンソースです。統計学者も開発に参加していますので、自宅のパソコンで解析できる環境を整えることができます。

鹿児島大学の電子図書館システム　絶版等で入手不可能の統計の理論及び応用に関する書籍を電子化したものです。
http://www.sci.kagoshima-u.ac.jp/~ebsa/intro.html
多変量解析関連では、『因子分析法通論（浅野長一郎著）』『質的情報の多変量解析（松田紀之著）』『多変量解析論（塩谷実、浅野長一郎共著）』などが閲覧・印刷できます。

第14章

多次元尺度法

こういうときには多次元尺度法！

新規性のある画期的な商品を開発するための、目のつけどころを知りたい。

多様な商品の中での差別化のポイントだね。各社の製品ポジショニングを調べて、隙間やもっと伸ばしたらよい特徴を発見しよう。

1 多次元尺度法とは

(1) 類似度をもとに多次元空間に布置する手法

多次元尺度法は、**多次元尺度構成法**や**MDS**（Multi Dimensional Scaling）とも呼ばれています。多次元尺度法は、評価対象間の類似性を距離としてとらえ、多次元空間の点として配置して視覚化します。

マーケティングでは、視覚化できることを利用して、自社や他社の商品、ブランドのポジショニングなどを図化するために用いられます。例えば、個人あるいは特定グループを対象に、ブランド間などの類似度評価を調べ、その評価結果をもとに、多次元空間にいろんなブランドをマッピングして、評価構造を分析したりします。

図化することで、隙間商品を考えたり、競合相手と区別するための方策を検討したりします。

類似度評価データは、対象間が「似ている、似ていない」を評価したデータを用いるのが一般的ですが、「好き、嫌い」の2値（1か0）データや、多段階評価データなどを用いることもあります。

なお、多次元尺度法は解析するデータの性質によって次の2種類に分類できます。データが間隔尺度や比例尺度で与えられている場合に適用する**計量的多次元尺度法**と、データが、順序尺度や名義尺度で与えられている場合に適用する**非計量的多次元尺度法**です。

多次元尺度法では、モデルの適合度として**ストレス**という指標が使われ、ストレスが0に近いほど適合が良いとされます。

適合度：データの分布が理論モデル値の分布に一致しているかどうかを知りたい時の検定手法の一つ。

多次元尺度法のアウトプットイメージは、以下のとおりです。

地域間の旅行時間表（単位：分）

	札幌	青森	東京	金沢	大阪	広島	高松	博多	那覇
札幌	0								
青森	116	0							
東京	153	132	0						
金沢	186	220	142	0					
大阪	162	146	108	159	0				
広島	214	233	155	242	98	0			
高松	231	210	132	254	110	97	0		
博多	176	165	122	135	91	73	174	0	
那覇	241	230	177	205	141	173	150	100	0

多次元尺度法による地域の布置

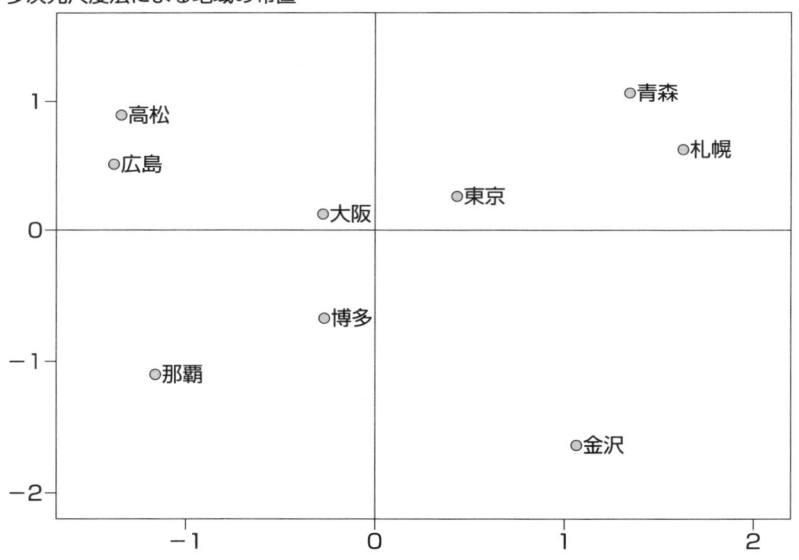

旅行時間の値を多次元尺度法でマッピングすることにより、地理的関係がほぼ表れました。ただし、所要時間と距離は必ずしも比例しないので、実際の地理的関係とは多少ずれています。

このように、評価対象間の関係を類似度で測ったデータをもとに、評価対象を図化することができます。図化することで、「金沢」付近にマッピングできるような新製品を考えようといったアイデアが浮かびます。また、「高松と広島は近い関係にあるが、コンセプトは全く違う。したがって、広告で違いを強調する必要がある」といったことがわかってきます。

(2) 類似度を把握するための質問例

　多次元尺度法で分析をするには、マッピングしたい対象間の類似度データを得るための、アンケート調査が必要です。

　類似度の質問例を以下に示してみましょう。

マッピングしたい対象……商品ブランド4つ

質問方法1　一対比較で類似度を質問

（問）次のブランドを比較してください。それぞれの組合せについて、似ているかどうかをお答えください。

	非常に似ている	まあ似ている	どちらともいえない	あまり似ていない	全く似ていない
AとB	1	2	3	4	5
AとC	1	2	3	4	5
AとD	1	2	3	4	5
BとC	1	2	3	4	5
BとD	1	2	3	4	5
CとD	1	2	3	4	5

質問方法 2　一対比較で類似順位を質問

(問)　次のブランドを比較してください。それぞれの組合せについて、似ている順に1位から3位までをお答えください。

①Aと1番似ているのは？ 　　2番目に似ているのは？ 　　3番目に似ているのは？ 　　（　）内に数字を入れてください。	B車（　） C車（　） D車（　）
②Bと1番似ているのは？ 　　2番目に似ているのは？ 　　3番目に似ているのは？	A車（　） C車（　） D車（　）
③Cと1番似ているのは？ 　　2番目に似ているのは？ 　　3番目に似ているのは？	A車（　） B車（　） D車（　）
④D車と1番似ているのは？ 　　2番目に似ているのは？ 　　3番目に似ているのは？	A車（　） B車（　） C車（　）

質問方法 3　一対比較で類似の有無を質問

(問)　次のブランドを比較して、似ていれば○印、似ていなければ×印、どちらともいえなければ△印をつけてください。

①Aと似ていますか？ 　　（　）内にAと似ていれば○印 　　　　　　似ていなければ×印 　　　　　　どちらともいえなければ△印	B車（　） C車（　） D車（　）
②Bと似ていますか？ 　　（　）内にAと似ていれば○印 　　　　　　似ていなければ×印 　　　　　　どちらともいえなければ△印	A車（　） C車（　） D車（　）
③Cと似ていますか？ 　　（　）内にAと似ていれば○印 　　　　　　似ていなければ×印 　　　　　　どちらともいえなければ△印	A車（　） B車（　） D車（　）
④Dと似ていますか？ 　　（　）内にAと似ていれば○印 　　　　　　似ていなければ×印 　　　　　　どちらともいえなければ△印	A車（　） B車（　） C車（　）

その他の質問方法　一対比較をしない質問
　因子分析や数量化Ⅲ類などで用いるような意見項目への賛否をもとに、対象ごとに項目間の相関係数やクラスター分析で用いる距離などの類似度を用いることもできます。

(3) 多次元尺度法に出てくる統計用語
類似度評価データ
- 多次元尺度法では、「似ている、似ていない」「好き、嫌い」などの、多段階評価の結果を類似性データとして用いることが多い。

一対比較
- 「AとBは似ているか似ていないか」「AとBで好きな方」など、一対の対象の比較を求める質問。

ストレス
- 多次元尺度法でモデルの適合度を示す指標。
- ストレスが0に近いほど適合が良いとされる。

グループプロット
- 評価対象をポジショニングした散布図。

2 アウトプットの導き方

(1) 解析の手順

手順1：解析目的に応じて、アンケート調査などで類似度評価データを求める

手順2：データを表形式にする

手順3：多次元尺度法の計算をする
　　　　類似性行列を求める
　　　　グループプロットを描く

手順4：結果を解釈しコメントを入れる
　　　　グループプロットを図示する
　　　　グループプロットから言えることをコメントする

(2) アウトプットまでの手順

手順1：調査目的に応じて、アンケート調査などで類似度評価データを求める

　解析目的の例：消費者から見た類似度評価をもとに、4つの有名ファミリーレストランチェーンのイメージ上の位置づけを把握し、新規出店の際の差別化方針を検討する。

データ例：アンケート調査により一対比較で質問。

4つのファミレスチェーンについて類似度をアンケートした結果

		非常に似ている	まあ似ている	どちらともいえない	あまり似ていない	全く似ていない
サンプル1	ハニーズとエルミタージュ	1	②	3	4	5
	ハニーズと紺屋	1	2	3	4	⑤
	ハニーズと華屋敷	1	2	3	4	⑤
	エルミタージュと紺屋	1	②	3	4	5
	エルミタージュと華屋敷	1	2	③	4	5
	紺屋と華屋敷	1	②	3	4	5
サンプル2	ハニーズとエルミタージュ	1	2	③	4	5
	ハニーズと紺屋	1	2	3	④	5
	ハニーズと華屋敷	1	2	3	④	5
	エルミタージュと紺屋	1	2	③	4	5
	エルミタージュと華屋敷	1	2	③	4	5
	紺屋と華屋敷	1	2	③	4	5
⋮	⋮	⋮	⋮	⋮	⋮	⋮
サンプル50	ハニーズとエルミタージュ	1	2	③	4	5
	ハニーズと紺屋	1	2	3	④	5
	ハニーズと華屋敷	1	2	3	4	⑤
	エルミタージュと紺屋	1	2	③	4	5
	エルミタージュと華屋敷	1	2	3	④	5
	紺屋と華屋敷	1	2	③	4	5

第14章 ◎多次元尺度法

手順2：データを表形式にする

データを類似度評価行列にする

		ハニーズ	エルミタージュ	紺屋	華屋敷
サンプル1	ハニーズ	0			
	エルミタージュ	2	0		
	紺屋	5	2	0	
	華屋敷	5	3	2	0
サンプル2	ハニーズ	0			
	エルミタージュ	3	0		
	紺屋	4	3	0	
	華屋敷	4	3	3	0
⋮	⋮	⋮	⋮	⋮	⋮
サンプル50	ハニーズ	0			
	エルミタージュ	3	0		
	紺屋	4	3	0	
	華屋敷	5	4	3	0

手順3：多次元尺度法の計算をする

　多次元尺度法の計算を実施し、算出されたストレス、RSQ（R Squareの略号で、「決定係数（R2乗値）」のこと）などで適合度をチェックします。ストレスは0に近いほど、RSQは1に近いほど適合度がよいとされています。

　この計算の結果から評価対象のグループプロットを描きます。

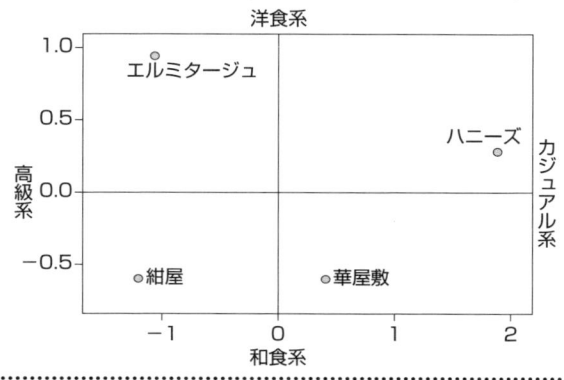

3 結果の解釈の仕方

グループプロットから言えることをコメントします。コメント例を以下に示します。

[コメントの例]
- 4つの代表的ファミリーレストランチェーンについて、アンケート調査により「似ている、似ていない」の一対比較で類似度評価データを調べ、その結果をもとに、多次元尺度法により、グループプロットを描いた。
- グループプロットより、ファミリーレストランチェーンのイメージは、洋食系―和食系、高級系―カジュアル系に分けることができる。
- 各レストランのイメージは以下のとおり。
    エルミタージュ―洋食系、高級系
    ハニーズ―洋食系、カジュアル系
    紺屋―和食系、高級系
    華屋敷―和食系、カジュアル系
- エルミタージュと紺屋は、それぞれ、高級系の洋食系、和食系としてイメージがはっきりしている。
- 華屋敷は和食系のイメージははっきりしているが、高級系とカジュアル系の中間付近に位置している。
- ハニーズはカジュアル系のイメージははっきりしているが、アジア系エスニックメニューもあり、洋食系と和食系の中間付近に位置している。
- 新規出店のコンセプトとしては、カジュアル系のイメージを明確にした和食系、または洋食系のイメージを明確にしたカジュアル系が有望であると考えられる。

<参考>
　現実的には、新規出店のコンセプトを検討するのにこれだけのデータでは解決しないことは想像がつくと思います。
　顧客ニーズや各チェーン店の顧客属性、出店場所の属性など、様々なデータを検討する必要があります。
　しかし、多次元尺度法では類似度評価データとそれ以外のデータをいっしょに分析することはできません。
　個人別に評価対象の布置（例えば、X軸とY軸上の位置）や対象間の距離を新たなデータとして、クラスター分析をしたり、クラスターごとの顧客ニーズや属性とのクロス分析を行うことで、自社と他社の顧客が抱くポジショニングの違いを見分けることができます。
　多次元尺度法は、クラスター分析など他の多変量解析と連携して使うことで、ブランドの差別化戦略や新製品開発のためのコンセプト探索などのマーケティング課題を解決するのに役立ちます。

第15章

パス解析と共分散構造分析

こういうときには共分散構造分析！

おいしさに影響する要素は多数あるけど、結局、風味と食感につきるというのが課長の仮説なんだ。

でも風味や、食感の基準はあいまいだし、評価結果をどう製品づくりに生かすかもわかりにくいよね。
風味と食感を形成する多種多様なデータとおいしさの因果関係を解明したいね。

1 共分散構造分析とは

(1) 潜在変数と観測変数の因果関係をモデル化する手法

　共分散構造分析は、概念や人間の心理など直接観測できない「**潜在変数**」と、売上高や利益、広告費や視聴率など直接観測できる「**観測変数**」の因果関係を、分析者の創意工夫で自由にモデル化（方程式をつくる）することができる手法です。

　計量経済モデルのように多数の変数の因果関係を組み込んだ連立方程式を「原因」と「結果」の関連図として表す方法で、重回帰分析と因子分析の両方の機能をもっています。

　例えば、アイスクリームのおいさしさは、舌触り、口溶けのよさ、なめらかさといった「食感」と、甘さ、こく、香りの良さ、香りの強さといった「風味」で評価されるといった因果関係の仮説を考え、それを図に表し、図をもとに関連の強さを数値で表し、数式を求めることができます。

　舌触り、口溶けのよさ、なめらかさの評価といった多数の観測データを、食感といった潜在変数にまとめることによって、因果関係をわかりやすくできます。また、観測変数と潜在変数の関係の強さを数値で表すことにより、おいしいと評価してもらうには、食感と風味のどちらがより重要か、食感を良くするには何が重要かといったことがわかります。

　なお、共分散構造分析は欧米では、**SEM**：Structural Equation Modeling（構造方程式モデル）と称せられます。

計量経済モデル：GDPなどを予測するモデル。

●重回帰分析と因子分析の両方の機能をもつ共分散構造分析

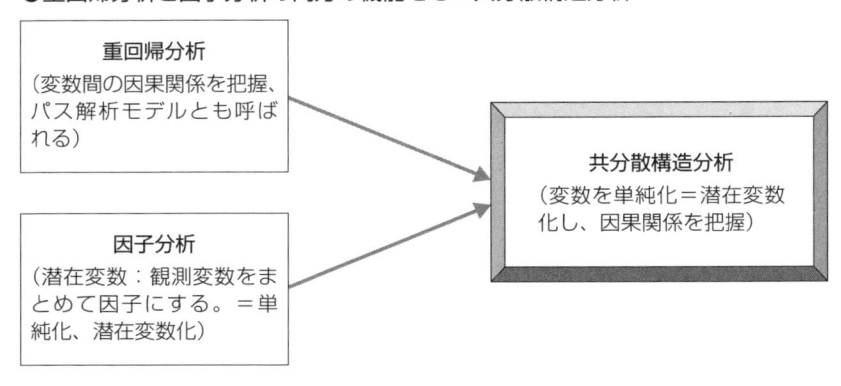

```
┌─────────────────────┐
│      重回帰分析       │
│ （変数間の因果関係を把握、│
│  パス解析モデルとも呼ば │
│  れる）              │
└─────────────────────┘
                          ┌─────────────────────┐
                          │    共分散構造分析     │
                          │ （変数を単純化＝潜在変数│
┌─────────────────────┐   │  化し、因果関係を把握） │
│       因子分析       │   └─────────────────────┘
│ （潜在変数：観測変数をま│
│  とめて因子にする。＝単 │
│  純化、潜在変数化）    │
└─────────────────────┘
```

共分散構造分析のしくみをわかりやすくするために、重回帰分析を繰り返すパス解析という手法を説明します。

①パス解析とは

重回帰分析は、変数間の相関関係をもとに目的変数を予測する手法で、パス解析は変数間の因果関係を調べる手法です。

相関関係と因果関係は異なります。因果関係があれば必ず相関関係が認められますが、相関関係があっても、必ずしも因果関係は認められません。

因果関係とは一方の増減が原因で他方が増減するといった原因と結果の関係、相関関係とは原因と結果の関係はないが、一方が増減すれば他方も増減する関係です。例えば、子供の足の大きさと学力とは相関関係がありますが、因果関係はありません。

相関関係が因果関係に結びつくには、つぎの2つの条件を満たす必要があります。

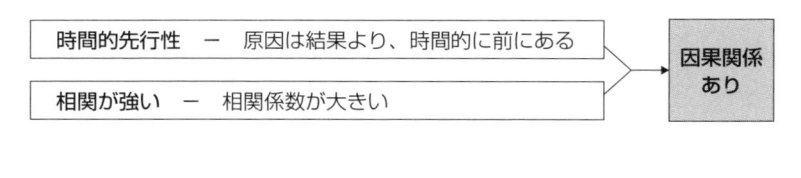

```
┌──────────────────────────────────────┐
│ 時間的先行性 － 原因は結果より、時間的に前にある │    ┌──────┐
├──────────────────────────────────────┤ →  │因果関係│
│ 相関が強い  － 相関係数が大きい              │    │ あり │
└──────────────────────────────────────┘    └──────┘
```

パス解析では、変数間の因果関係の強さに着目しますので、重回帰分析の標準偏回帰係数（データを標準化して、平均0、標準偏差1にするため、変数の重みが比較可能になる）を用いて、因果関係の強さとみなします。

パス解析は、**パス図**と呼ばれる図を使います。
結果をY、原因をXとすると、以下のように表わします。

X → Y

回帰分析の式 Y ＝ a X ＋ b をパス図で表わすと、以下のようになります。

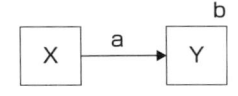

X —a→ Y b

重回帰分析では、Yを「目的変数」、Xを「説明変数」と呼んでいましたが、パス解析や共分散構造分析では、XもYも、「観測変数」と呼びます。また、誤差も変数として組み込み、**誤差変数**として登場させます。もちろん、誤差変数も平均0、標準偏差1とします。

誤差変数（E）を組み込んだ回帰分析の式は、

$$Y = aX + bE$$

と表わします。
パス図で表わすと、以下のようになります。

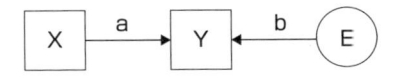

X —a→ Y ←b— E

共分散構造分析でもパス図を使いますので、パス図のルールを次のページに示します。

●パス図のルール
- 「観測変数」は、四角形で囲みます。
- 「潜在変数」は、楕円形で囲みます。
- 「誤差変数」は、円（または記号のみ）で囲みます。
- 「片方向矢印（↑↓→←）」は、因果関係を表わします。
  矢印がでている変数は原因、矢印を受けている変数は結果を示します。
  矢印を受けている変数（目的変数）には、誤差変数を設定します。
  片方向矢印には、パス係数（重回帰分析の偏回帰係数または標準化偏回帰係数）と呼ばれる値を表わします。
  パス係数は、因果関係の強さを示す指標です。
- 「双方向矢印（←→）」は、相関関係を表わします。

パス図の例

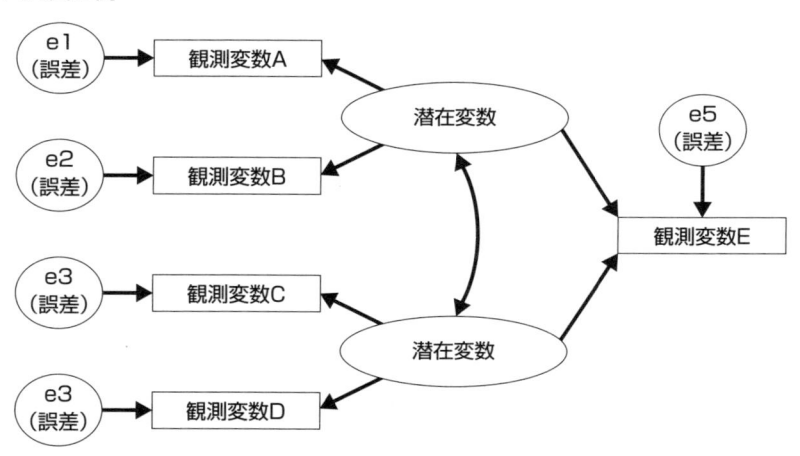

②パス解析の計算例──重回帰分析との比較

以下は消費者の防犯意識と在宅時間、年収、年齢についてのデータです。

防犯意識 (5.非常に意識している、…、1.意識していない)	在宅時間 (1.10時間未満、…、5.20時間以上)	年収 (1.300万円以下、…、5.1000万円以上)	年齢 (5.60歳以上、…、1.20歳未満)
5	2	5	5
1	5	1	3
2	4	3	3
3	2	3	3
4	2	2	2
3	2	2	4
5	1	5	5
4	1	4	4
1	5	2	2
2	4	2	2
1	5	1	1
3	3	3	3

このデータを用いて、防犯意識を結果、すなわち目的変数、在宅時間、年収、年齢を原因、すなわち説明変数としてモデルを考えてみます。

変数間の散布図と相関係数を示します。

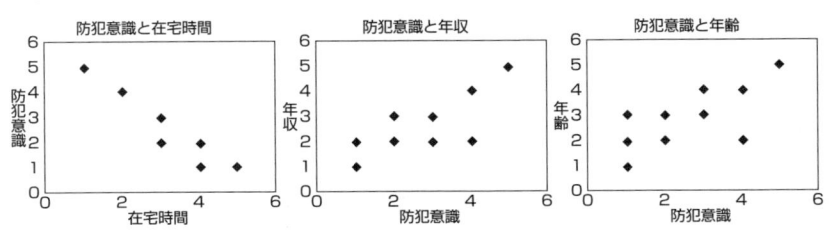

相関係数行列

単相関	防犯意識	在宅時間	年収	年齢
防犯意識	1			
在宅時間	−0.927	1		
年収	0.845	−0.741	1	
年齢	0.758	−0.715	0.824	1

防犯意識を目的変数とする重回帰分析を行います。パス図で、重回帰分析を表わすと、次のようになります。

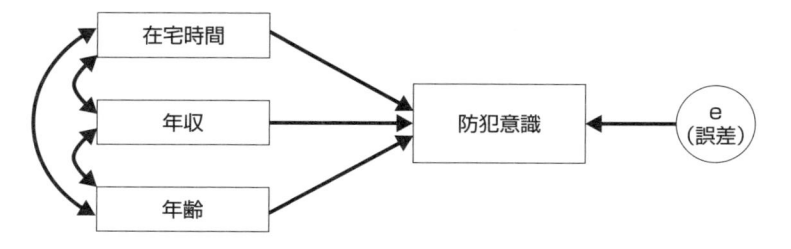

重回帰分析では、説明変数間の相関関係も考慮しているので、説明変数間を双方向矢印で結んでいます。

パス解析では、説明変数間の相関関係は、あまり考慮しません。

重回帰分析の結果は、次のように計算されます。

モデルの精度を示す指標
決定係数R2乗値（重相関係数の2乗）＝ 0.92
偏回帰係数は、以下のとおりです。

	非標準化係数		標準化係数	t	有意確率
	偏回帰係数	標準誤差	ベータ		
在宅時間	−0.643	0.152	−0.674	4.230	0.003
年収	0.399	0.212	0.369	1.876	0.097
年齢	−0.033	0.223	−0.028	0.147	0.887
(定数)	3.768	0.958		3.934	0.004

決定係数は0.92で、重回帰モデルの精度はよいといえます。

標準化偏回帰係数は、在宅時間だけに有意差があります（有意確率0.05以下）。

標準化偏回帰係数は、マイナス値なので、在宅時間が短いと防犯意識が高いといえます。

年収、年齢と防犯意識とは、あまり関係がないように思われます。

変数間の仮説図を作成しました。

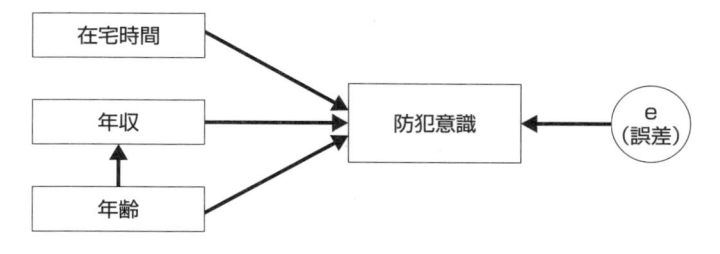

パス図の意味は、以下のとおりです。
・防犯意識は、在宅時間と関係がある。
・年収と防犯意識は関係がある。
・年齢と防犯意識は関係がある。
・年収は、年齢と関係がある。

この仮説図をもとにパス解析を行います。

パス解析の標準解（標準偏回帰係数）も示されます。標準解により、因果関係の強さがわかります。

標準解の結果から、次のことがわかりました。
・防犯意識は、在宅時間とマイナスの関係、つまり、在宅時間が長いと防犯意識が低く、短いと高い。
・年収が多いと防犯意識が高い。
・年齢と防犯意識は無関係だが、年齢が高いほど年収も多い。

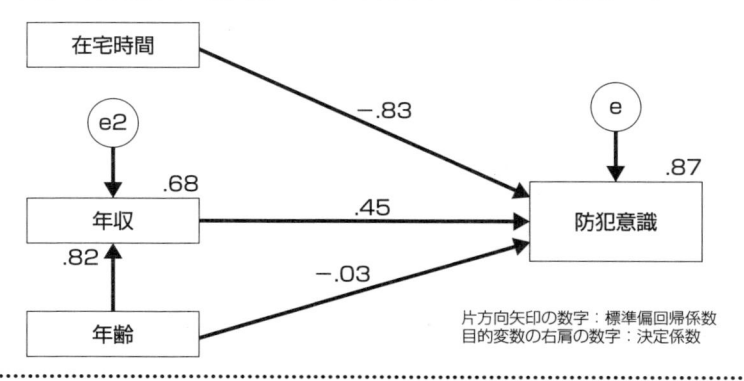

片方向矢印の数字：標準偏回帰係数
目的変数の右肩の数字：決定係数

回帰式は、以下のようになります。

　　防犯意識＝－0.83×在宅時間＋0.45×年収－0.03×年齢
　　年収＝0.82×年齢

　モデル式の精度は、GFIとAIC（次ページ参照）でわかります。
　GFIは1に近いほどあてはまりがよく、AICは値が小さいほど精度がよいことを意味します。
　このモデルでは、GFI＝0.774　AIC＝25.624となります。
　なお、パス解析の非標準解（重回帰分析の非標準化係数）の結果も示されます。非標準解の結果は重回帰式ですから、在宅時間、年収、年齢から防犯意識を予測できます。

③共分散構造分析のパス図
　共分散構造分析では、パス図は必要不可欠です。
　共分散構造分析のキーとして重要なのは、潜在変数および観測変数の変数間の因果関係、相関関係の仮説づくりと、それをパス図にすることです。
　共分散構造分析用の統計ソフトウェアでは、自分のオリジナル仮説をパス図にすれば、それに従って計算結果が出力されます。
　パス解析では、非標準解と標準解の両方をアウトプットしましたが、共分散構造分析でも同様です。
　因果関係の強弱は、標準解の結果から解釈します。

(2) 共分散構造分析に出てくる統計用語
偏回帰係数
- 説明変数の係数（重回帰式のa1、a2、…、an）。
- 偏回帰係数の値は、説明変数の値の大きさとばらつきに影響される。
- 説明変数の影響力を調べるには、すべての説明変数の単位を等しくする

標準化が必要。

CMIN
- カイ2乗値のこと。
- カイ2乗値は、観測度数と期待度数（または理論値）の差の2乗と期待度数の比を、すべてのカテゴリーについて合計したもの。
- 計算したカイ2乗値と、カイ2乗分布表より自由度（k−1）の有意水準5％のχ^2値（自由度、有意水準0.05）を比べ、計算したカイ2乗値のほうがカイ2乗分布表の値よりも大きければ、有意な差があるとみなし、結果が歪んでいると結論する（詳しくは拙著『図解ビジネス実務事典 統計解析』参照）。

赤池の情報量規準（AIC）
- 回帰分析のモデルの適合度（あてはまりのよさ）を評価する基準。
- AICの値は小さいほどよい。
- 説明変数を選ぶための変数選択を行った際、それぞれのAICの値が最小になるモデルを採択することが考えられる。

GFI（goodness of fit index）
- モデルの適合度（あてはまりのよさ）を評価する基準で、回帰分析の決定係数（R2乗値）に相当する。
- GFIは0から1の範囲をとり、1に近いほど適合度がよい。
- モデルに組み込む観測変数や潜在変数が多いとGFIは1に近づく。

2 アウトプットの導き方

（1）解析の手順
手順1：解析目的に応じて、データを用意する
手順2：散布図を作成したり、相関係数を求めるなどして、原因と結果の仮説を考える
手順3：潜在変数を考えながら、観測変数、潜在変数を配置したパス図を描く
手順4：共分散構造分析を実施する
　　　　GFIの値などでモデルの適合度をみる。
手順5：結果を解釈しコメントを入れる
　　　　パス図の説明。

（2）アウトプットまでの手順
手順1：解析目的に応じて、データを用意する
　解析目的の例：アンケート結果をもとに、アイスクリームの満足度（おいしさ）を構成する要素を調べ、新製品開発のヒントとする。

データ例（各項目を5段階評価した結果）

口どけ	舌触り	香り	甘味	満足度
5	5	2	2	3
5	5	4	5	5
1	2	2	2	2
2	1	5	5	3
4	1	4	3	2
3	3	3	3	3
4	4	1	4	3
5	5	4	2	4
1	1	1	1	1
2	3	4	3	3
3	4	3	4	4
4	2	5	5	4
5	1	1	4	1
2	3	4	5	4
1	2	3	4	3
2	2	2	2	2
4	4	3	3	3
3	3	3	3	3
3	5	3	5	5
1	5	2	4	4

手順2：原因と結果の仮説を考える

仮説を考えるために、観測変数間の相関を調べる。

変数間相関行列

	口溶け	舌触り	香り	甘味	満足度
口溶け	1				
舌触り	0.3378	1			
香り	0.1175	0.0014	1		
甘味	0.1175	0.1290	0.4646	1	
満足度	0.1945	0.7475	0.5372	0.6134	1

満足度に最も影響しているのは舌触り、次いで甘み、香りの順。

舌触りと口溶けの評価、香りと甘みの評価は関連がある。

手順3：パス図を描く

舌触りと口溶けで構成される「食感」、香りと甘みで構成される「風味」があるのではないかなど、潜在変数を考えてみる。

観測変数と潜在変数をパス図にする。

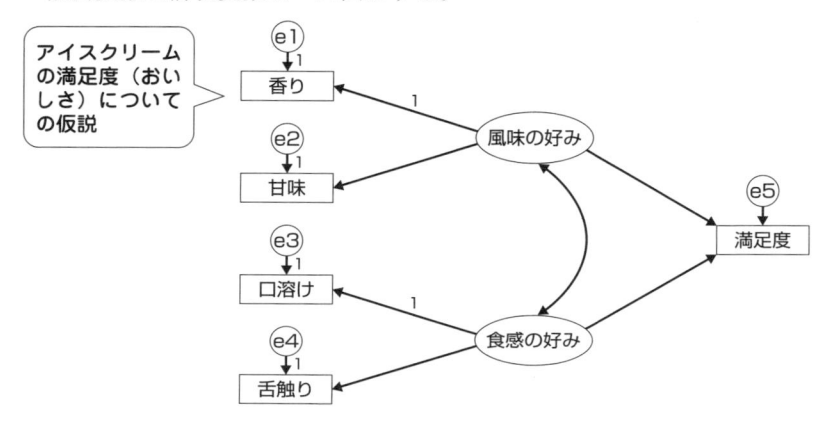

アイスクリームの満足度（おいしさ）についての仮説

手順4：共分散構造分析を実施する

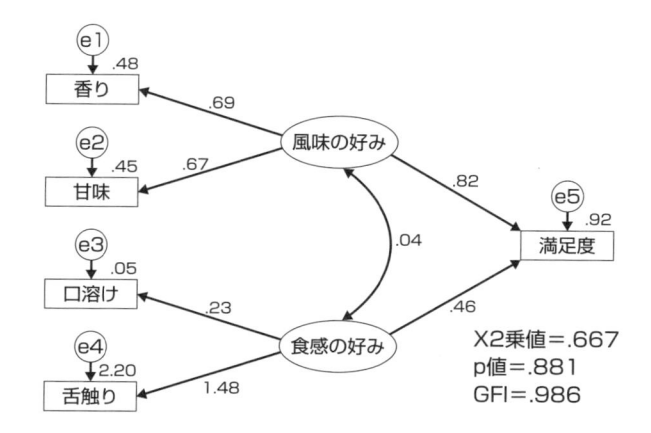

X2乗値＝.667
p値＝.881
GFI＝.986

3 結果の解釈の仕方

手順5:結果を解釈しコメントを入れる

[コメントの例]（パス図の説明）

- モデルの適合度を表すカイ2乗値は0.667、有意確率 p 値は0.881で有意水準0.05より大きく、仮説「求めた共分散構造モデルはよくあてはまっている」を採択。モデルのあてはまりはよいと考えられる。
- また、GFIも0.986で、モデルの適合度はよい。
- アイスクリームの満足度（おいしさ）は、風味（香りと甘み）と食感（口溶けと舌触り）で構成される。
- 満足度（おいしさ）に最も影響するのは風味。
- 個別の評価について、満足度との関連性の強さを計算してみると、舌ざわりが最も満足度に影響しているが、総合的には、甘みと香りの調和による風味が最も重要であることがわかる。

満足度との関連性の強さ

香り	＝0.69×0.82＝0.566
甘み	＝0.67×0.82＝0.549
口溶け	＝0.23×0.46＝0.106
舌触り	＝1.48×0.46＝0.681

- この表より、舌触りの評価を1ポイント向上させると満足度が0.68ポイント上がることがわかる。次に、香り、さらに甘みの順に満足度に影響を与えていることがわかる。
- 甘味と香りの強さを組み合わせた風味の試作品テストと舌触りの試作品テストを行い、次に舌触りと風味を組み合わせたテストが必要になる。

Column

予測モデルの落し穴

　年末年始は恒例の「来年（今年）どうなる」が話題になります。「20××年大予測」などの本も書店を賑わせています。

　重回帰分析などのモデルを使って予測をするのは、実はとても難しいことです。重回帰式は多変量解析のソフトウェアを使えば、容易に作成できます。しかし、予測するには説明変数も予測しないと目的変数の予測値が出てこないのです。つまり、説明変数を予測する回帰式を別につくる必要があるということです。重回帰式で説明変数を3つ使っているとするなら、予測するにはさらに3つの予測式が必要になります。しかも、新たな予測式の説明変数として新たな説明変数が必要になるから、予測すべき変数がますます増えてくることになり、予測ミスの落し穴に嵌ることになります。

　それを避けるには、作成する予測モデルの因果関係を単純明解にし、年次との関係を表す単回帰式で説明変数が計算できるようにすることが考えられます。因果関係と原因変数の予測がわかりやすいほど、予測結果が納得できるものになります。しかし、複雑な予測式を読み解いていると、最後には何がなんだかわからなくなり、○○経済モデルで予測などと書かれているのを見て納得したような気分になったりします。

　予測ビジネスの発表数値をうのみにせず、本当に「風が吹けば桶屋が儲かる」のかと疑ってみることも大事です。

第16章

AHP
（階層化意思決定分析法）

こういうときには
AHP！

良い食材を使えば価格が上がるし、メニューを豊富にすると待ち時間が長くなるし、あちらを立てればこちらが立たずで悩ましい。

人気店にするには、多様な顧客ニーズに優先順位を付けて対応策を検討する必要があるね。

1 AHPとは

（1）多種多様な評価項目の重要度を求める手法

AHP（Analytic Hierarchy Process：**階層化意思決定分析法**）は、多様な価値観がある多基準社会において、価値観の優先度を評価するための手法です。

例えば、新製品開発に際しては、複数の製品案について、アンケート調査などで、様々な評価を行い、その結果から候補製品を絞り込んだりします。このとき、製品ごとの評価ウェイトをつけることにより、発売した場合の予算配分などに活用することができます。

ＡＨＰでは、評価項目を階層構造（ツリー化）にして体系化します。

例えば、レストランを選択する際の評価基準を下図のような3層構造に体系化し、評価基準ごとに選択対象となる店のコンセプトの代替案を検討します。

AHPの3層構造の評価項目の例

課題	レストランの選択			
評価基準	グレード	料理	接客	立地環境
代替コンセプト案	A店	B店	C店	D店

階層構造を評価するには、評価基準ごとに代替案を一対比較します。

一対比較とは、A店とB店など2つの対象を比較して、どちらかを選ばせることです。

代替案が4つあると、組合せの数は6種類（A店－B店、A店－C店、

A店－D店、B店－C店、B店－D店、C店－D店）ありますので、組合せすべてについて一対比較をします。

前ページの3層構造の例では、4種類の評価基準についての一対比較が6回、評価基準ごとの店の一対比較が24回（＝4種類×6回）、合計30回の一対比較を行うことになります。

4層構造のAHPの例を示すと、次のようになります。

AHPの4層構造の評価項目の例

課題	レストランの選択
評価基準1	グレード／料理／接客／立地環境
評価基準2	価格の手頃さ／格式の高さ／オリジナリティー／クオリティー／バラエティー／ボリューム／暖かさ／気楽さ／うやうやしさ／静けさ／にぎわい
代替コンセプト案	A店：閑静な住宅地で高級感ある珍しい料理を味わえる格調高い店／B店：繁華街で手頃な値段の料理をお腹いっぱい食べられる気楽な店／C店：緑豊かな行楽地で豊富なメニューを手軽に味わえるアットホームな店／D店：都心でクオリティーの高い豊富なメニューをVIP気分で味わえる店

4層構造では、一対比較の回数は、

評価基準1は6回（4種の評価基準1の組合せ）、評価基準2は11回（グレードは価格の手頃対格式の高さで1回、同様に立地環境で1回、料理で6回、接客で3回）、代替案は66回（評価基準11種類×6回）、合計83回となります。

AHPでは、評価項目数や階層構造が多いと、一対比較の回数が増えますので、アンケートの対象者に負荷をかけることになります。また、矛盾する回答が得られる場合もあります。

例えば、ステーキより焼肉が好きを、焼肉＞ステーキで表わすとします。

　　焼肉＞ステーキ

　　ステーキ＞ビフカツ

　　ビフカツ＞焼肉

これらはあり得そうな回答ですが、矛盾する回答となります（この場合、計算不能です）。

(2) AHPで分析するための一対比較質問の回答様式

AHPでは、中間ポイントをもつ9段階尺度で一対比較の質問をします。回答様式は、以下のようになります。

AHPの一対比較の回答様式の例

	←左側が				同じ程度	右側が→				
	絶対に重要	非常に重要	かなり重要	やや重要		やや重要	かなり重要	非常に重要	絶対に重要	
グレード										料理
グレード										接客
グレード										立地環境
料理										接客
料理										立地環境
接客										立地環境

AHPでは、個人別に回答結果を分析します。また、ブレーンストーミングを行って、グループとして1つだけの回答結果を求め、評価項目のウェイトを算定し、グループの総意とみなすこともできます。

(3) AHPのウェイトの求め方

AHPでは、次のような基準尺度を用いて、一対比較の結果を一対比較表にまとめます。

一対比較の基準尺度

Bに比べてAは	重要度
同じ程度	1
やや重要	3
まあ重要	5
かなり重要	7
非常に重要	9

自分自身との比較は、重要度1とする。
Aと比べたBの重要度は、Bと比べたAの重要度の逆数とする。
（2, 4, 6, 8の重要度得点もあってよい）

評価基準の一対比較表の例

	←左側が				同じ程度 1	右側が→				
	絶対に重要 9	非常に重要 7	かなり重要 5	やや重要 3		やや重要 1/3	かなり重要 1/5	非常に重要 1/7	絶対に重要 1/9	
グレード										料理
グレード										接客
グレード										立地環境
料理										接客
料理										立地環境
接客										立地環境

上記の一対比較の結果をもとに、評価表を作成します。

	グレード	料理	接客	立地環境
グレード	1	1/5	5	3
料理	1/5	1	5	7
接客	1/5	1/5	1	5
立地環境	1/3	1/7	1/5	1

一対比較表は、基準尺度の値とその逆数が入っています。

グレードと接客を比較した尺度値5は、グレードのほうが接客よりも「かなり重要」と回答されたことを意味します。

AHPは、この一対比較表をもとにウェイトを算出します。

(4) AHPのウェイトの計算方法

AHPでは、ウェイトを、固有値を求めてから精緻に計算する方法と幾何平均を求めて計算する簡便法がありますが、ここでは幾何平均を求める簡便法で説明します。

幾何平均を求める簡便法は、幾何平均が比例数の代表値として使えることを利用しています。

例えば、一対比較表の1行目の数字

$\boxed{1}$ $\boxed{1/5}$ $\boxed{5}$ $\boxed{3}$ は、
$\boxed{1:1}$ $\boxed{1:1/5}$ $\boxed{1:5}$ $\boxed{1:3}$

という意味です。

この4つの比の平均を出すには、幾何平均が最適です。

幾何平均とは、n個の数字をすべて掛け合わせた値のn乗根の正の値で、データがプラスの値のときだけ計算できます。

幾何平均のExcel関数は、GEOMEANです。

$$\text{幾何平均} = \sqrt[n]{\text{データの積}} = \text{データの積}^{1/n} \quad \text{n：データの個数}$$

AHPのウェイトの算出フローは、以下のとおりです。

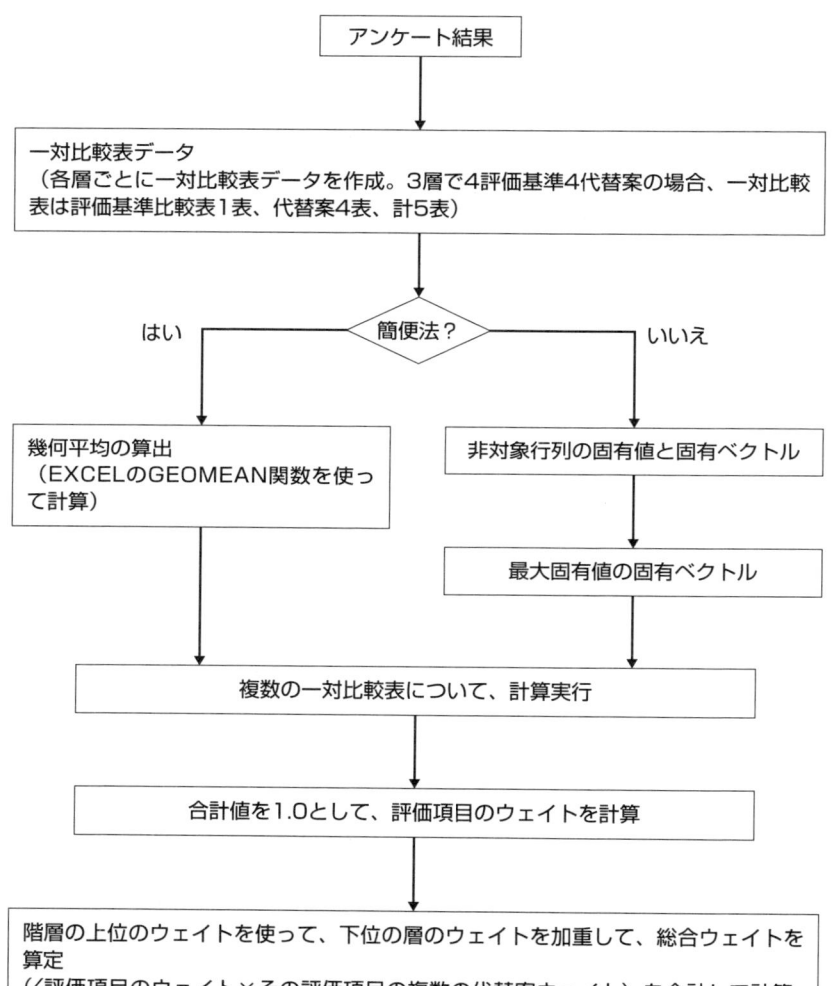

```
                    ┌──────────────────┐
                    │  アンケート結果    │
                    └──────────────────┘
                              │
                              ▼
┌────────────────────────────────────────────────────────────┐
│ 一対比較表データ                                              │
│  (各層ごとに一対比較表データを作成。3層で4評価基準4代替案の場合、一対比較│
│  表は評価基準比較表1表、代替案4表、計5表)                       │
└────────────────────────────────────────────────────────────┘
                              │
                              ▼
                        ◇ 簡便法？ ◇
         はい ←──────────┤         ├──────────→ いいえ
                              
┌──────────────────────┐       ┌──────────────────────────┐
│ 幾何平均の算出          │       │ 非対象行列の固有値と固有ベクトル │
│  (EXCELのGEOMEAN関数を使っ│       └──────────────────────────┘
│  て計算)              │                     │
└──────────────────────┘                     ▼
                              ┌──────────────────────────┐
                              │ 最大固有値の固有ベクトル    │
                              └──────────────────────────┘
                              │
                              ▼
          ┌──────────────────────────────────────┐
          │ 複数の一対比較表について、計算実行        │
          └──────────────────────────────────────┘
                              │
                              ▼
          ┌──────────────────────────────────────┐
          │ 合計値を1.0として、評価項目のウェイトを計算 │
          └──────────────────────────────────────┘
                              │
                              ▼
┌────────────────────────────────────────────────────────────┐
│ 階層の上位のウェイトを使って、下位の層のウェイトを加重して、総合ウェイトを │
│ 算定                                                        │
│ (〈評価項目のウェイト×その評価項目の複数の代替案ウェイト〉を合計して計算。│
│ 計算例を参照。)                                              │
└────────────────────────────────────────────────────────────┘
```

2 アウトプットの導き方

(1) 解析の手順

手順1：解析目的に応じて、評価基準を階層化する

手順2：アンケート調査などで一対比較データを求める

手順3：データを表形式（一対比較表）にする

手順4：AHPを実施する

　　　　一対比較表をもとに各評価項目のウェイトを算出する。

　　　　総合ウェイトを算出する。

手順5：結果を解釈しコメントを入れる

　　　　各評価基準のウェイト、代替案別総合ウェイトのグラフ化を行う。

　　　　各評価基準、各代替案の評価得点を階層構造の図に示す。

　　　　評価結果についてコメントを入れる。

(2) アウトプットまでの手順

手順1：解析目的に応じて、評価基準を階層化する

解析目的の例：新規出店するレストランのコンセプトについて、選択基準のウェイト、選択基準ごとの店の代替案の評価を把握し、来店客を増やすために重視すべき対策を検討する。

評価基準：グレード、料理、接客、立地環境

店のコンセプト代替案：A、B、C、D

課題	レストランの選択
評価基準	グレード / 料理 / 接客 / 立地環境
代替コンセプト案	A店 / B店 / C店 / D店

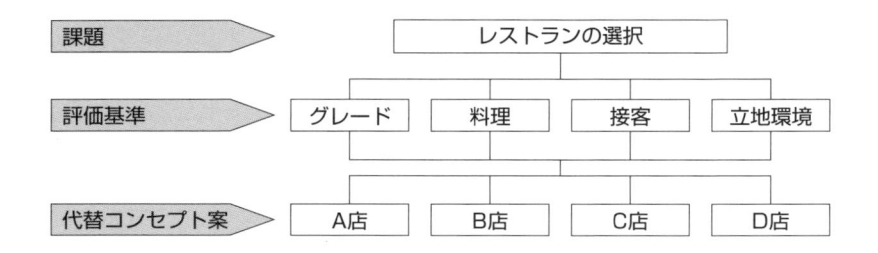

手順2：アンケート調査などで一対比較データを求める

回答様式と、回答の例

	←左側が				同じ程度	右側が→			
	非常に重要	かなり重要	まあ重要	やや重要		やや重要	まあ重要	かなり重要	非常に重要	
グレード							○			料理
グレード			○							接客
グレード				○						立地環境
料理			○							接客
料理		○								立地環境
接客			○							立地環境

グレードは	←左側が				同じ程度	右側が→				
	非常に好ましい	かなり好ましい	まあ好ましい	やや好ましい		やや好ましい	まあ好ましい	かなり好ましい	非常に好ましい	
A店										B店
A店										C店
A店										D店
B店										C店
B店										D店
C店										D店

他の評価項目についても同様に比較する。

手順3:データを表形式(一対比較表)にする

一対比較表の例

	グレード	料理	接客	立地環境
グレード	1	1/5	5	3
料理	5	1	5	7
接客	1/5	1/5	1	5
立地環境	1/3	1/7	1/5	1

(手順2の表を、非常に重要9点、かなり重要7点、まあ重要5点、やや重要3点、同じ程度1点で得点化)

手順4:AHPを実施する

一対比較表をもとに各評価項目のウェイトを算出する。
総合ウェイトを算出する。

簡便法によるウェイトの計算例

> エクセルのGEOMEANで計算し、合計値でウェイト算出

a) 評価基準のウェイト

	グレード	料理	接客	立地環境	幾何平均	ウェイト
グレード	1.000	0.200	5.000	3.000	1.316	0.221
料理	5.000	1.000	5.000	7.000	3.637	0.611
接客	0.200	0.200	1.000	0.200	0.299	0.050
立地環境	0.333	0.143	5.000	1.000	0.699	0.117
				計	5.951	1.000

b) グレードから見た店のコンセプトの評価

	A店	B店	C店	D店	幾何平均	ウェイト
A店	1.000	0.333	0.200	2.000	0.604	0.135
B店	3.000	1.000	0.500	0.333	0.841	0.187
C店	5.000	2.000	1.000	2.000	2.115	0.471
D店	0.500	3.000	0.500	1.000	0.931	0.207
				計	4.491	1.000

c）料理から見た店のコンセプトの評価

	A店	B店	C店	D店	幾何平均	ウェイト
A店	1.000	2.000	0.333	0.333	0.687	0.132
B店	0.500	1.000	0.200	0.333	0.427	0.082
C店	3.000	5.000	1.000	5.000	2.943	0.564
D店	3.000	3.000	0.200	1.000	1.158	0.222
				計	5.215	1.000

d）接客から見た店のコンセプトの評価

	A店	B店	C店	D店	幾何平均	ウェイト
A店	1.000	0.200	0.333	5.000	0.760	0.158
B店	5.000	1.000	0.333	2.000	1.351	0.280
C店	3.000	3.000	1.000	3.000	2.280	0.473
D店	0.200	0.500	0.333	1.000	0.427	0.089
				計	4.818	1.000

e）立地環境から見た店のコンセプトの評価

	A店	B店	C店	D店	幾何平均	ウェイト
A店	1.000	1.000	5.000	3.000	1.968	0.432
B店	1.000	1.000	3.000	1.000	1.316	0.289
C店	0.200	0.333	1.000	1.000	0.508	0.112
D店	0.333	1.000	1.000	1.000	0.760	0.167
				計	4.552	1.000

　グレードに関するA店のウェイトは、0.030は、a）表のグレードのウェイト×b）表のA店のウェイト（0.221×0.135）で計算します。同様に計算を料理、接客、立地環境について行い、合計すると総合ウェイトが計算されます。

f) 総合ウェイト

> a) で計算したウェイトを転記

> b)〜e) で計算したウェイトを転記

①評価基準のウェイト	0.221	0.611	0.050	0.117
	グレード	料理	接客	立地環境
②A店	0.135	0.132	0.158	0.432
③B店	0.187	0.082	0.280	0.289
④C店	0.471	0.564	0.473	0.112
⑤D店	0.207	0.222	0.089	0.167

総合ウェイト					計
A店①×②	0.030	0.080	0.008	0.051	0.169
B店①×③	0.041	0.050	0.014	0.034	0.140
C店①×④	0.104	0.345	0.024	0.013	0.486
D店①×⑤	0.046	0.136	0.004	0.020	0.206
				計	1.000

3 結果の解釈の仕方

手順5：結果を解釈しコメントを入れる

各評価基準のウェイト、代替案別総合ウェイトのグラフ化を行う。
各評価基準、各代替案の評価得点を階層構造の図に示す。

評価基準のウェイト（合計1.0）

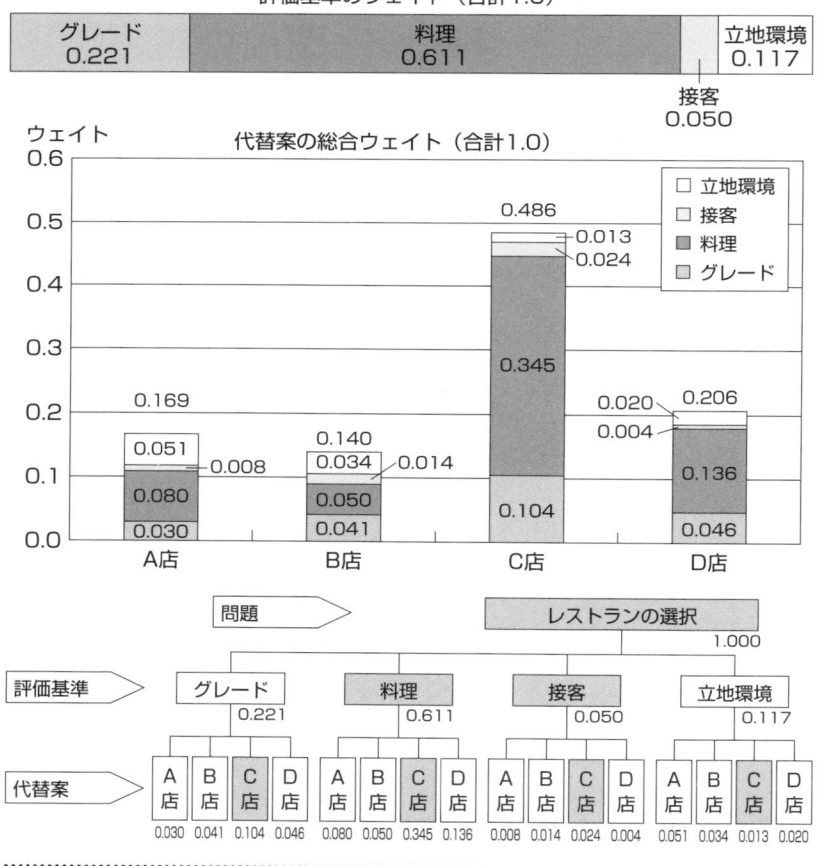

| グレード 0.221 | 料理 0.611 | 立地環境 0.117 |

接客 0.050

代替案の総合ウェイト（合計1.0）

- A店: 0.169 （0.030 / 0.080 / 0.051 / 0.008）
- B店: 0.140 （0.041 / 0.050 / 0.034 / 0.014）
- C店: 0.486 （0.104 / 0.345 / 0.024 / 0.013）
- D店: 0.206 （0.046 / 0.136 / 0.004 / 0.020）

凡例：立地環境／接客／料理／グレード

階層構造：

- 問題：レストランの選択　1.000
- 評価基準：グレード 0.221／料理 0.611／接客 0.050／立地環境 0.117
- 代替案：
  - グレード：A店 0.030／B店 0.041／C店 0.104／D店 0.046
  - 料理：A店 0.080／B店 0.050／C店 0.345／D店 0.136
  - 接客：A店 0.008／B店 0.014／C店 0.024／D店 0.004
  - 立地環境：A店 0.051／B店 0.034／C店 0.013／D店 0.020

[コメントの例]

- 4つの評価基準の重要度ウェイトは、料理が0.611、グレードが0.221、立地環境0.117、接客が0.050、と評価されている。
- この結果から、新規店舗のコンセプトとしては、料理とグレードが重要であることがわかる。
- 店のコンセプトでは、C店の総合評価が0.486とトップ。
- 評価基準別の得点も、料理0.345、グレード0.104、接客0.024、立地環境0.013で、立地環境以外のすべての項目でトップとなっている。
- 特に重要度ウェイトの高い料理についてのコンセプトで高い評価を得ている。
- 立地環境では、A店が最も高い評価を得ている。
- B店は、4つの評価基準のもとではこれといった長所がみられない。
- 新規店舗のコンセプトとしては、立地環境について検討を加えたうえで、C店の案を採用することが望ましいと考えられる。

参考情報

手元にあると便利な統計関係の本

酒井隆著
- 図解アンケート調査と統計解析がわかる本
- マーケティング・リサーチ・ハンドブック
- 図解ビジネス実務事典　統計解析

（以上、日本能率協会マネジメントセンター）

統計ソフトウェアの名称

1．商用のソフトウェアの例

SPSS、AMOS	エス・ピー・エス・エス株式会社
SAS、JMP	株式会社サスインスティチュートジャパン
S-PLUS	株式会社数理システム
JUSE-StatMaster多変量解析編	株式会社日本科学技術研修所
STATISTICA	スタットソフト ジャパン株式会社
エクセル統計2006	株式会社社会情報サービス
EXCEL多変量解析・数量化理論	株式会社エスミ

2．フリー／安価な統計ソフトの例（インターネットからダウンロード）

JSTAT
R（による統計解析）
SAMMIF
SPBS

多変量解析のソフトウェアを使う際の注意

　多変量解析のソフトウェアを使うとき、同じデータでも利用するソフトウェアによって、解が異なることがあります。その原因は、数値計算の解法（アルゴリズム）が異なっていたり、パソコンのＣＰＵやＯＳとソフトウェアの相性の問題だったり、場合によってはプログラムのバグだったり

と様々です。

　また、ソフトウェアによっては、アウトプットされる内容や名称や順番が異なることもあります。

　お使いになるソフトウェアのマニュアルをよく読み、本書のアウトプットと照合することで理解を深めてください。

Memo

Memo

Memo

Memo

さくいん

数字／英文字

1変量解析 ………………………13
2項ロジスティック回帰分析………144
2次関数モデル………………………102
2次判別関数………………………118
2変量解析 ………………………13, 14
AHP ………………………21, 247
AIC ………………………65, 239
CMIN ………………………239
Coeff./S.E. ………………………91
GFI ………………………239
HosmerとLemeshowの適合度検定…146
K平均法 ………………………202, 211
MDS ………………………219
R2乗値 ………………………64, 79, 91
RSQ ………………………226
SEM ………………………231
Wald統計量………………………146
Wilksのラムダ ………………………120
Z得点 ………………………58

あ

アイテム………………………104
アイテムレンジ ………………79, 104, 135
赤池の情報量規準 ………………65, 239
新たに開発された解析 ………………18, 21
一対比較 ………………………223, 247
因子 ………………………17, 159
因子軸の回転 ………………………163
因子数の推定 ………………………162
因子得点 ………………………17, 163
因子負荷量 ………………………163
因子分析 ………………………17, 159
ウォード法 ………………………202
横断面データ………………………49
オッズ比 ………………………58, 144
オムニバス検定 ………………………147

か

カイ2乗検定 ………………………91
回帰係数………………………91
階層化意思決定分析法 ………………247
階層的方法 ………………………201, 206
外的基準 ………………………19, 79
カテゴリー………………………14
カテゴリースコア ………78, 135, 180, 189
カテゴリーデータ………………………77
間隔尺度 ………………………46, 47, 204
観測値………………………91
観測変数 ………………………231, 233
寛大性の誤差………………………52
規準得点………………………58
基準変数解析 ………………18, 19, 22
逆正弦変換………………………58
共通性 ………………………161
共分散構造分析 ………………21, 231
曲線回帰モデル ………………………143

距離指標 …………………………204	軸の重心 …………………………136
近接誤差 ……………………………52	シグマ値 …………………………160
クラスター ………………………205	シグモイド曲線 …………………144
クラスター分析 ……………17, 201	時系列データ ………………………48
クリックミス ………………………52	実験計画法 …………………101, 103
クロス集計 ……………………14, 54	質的データ …………………………45
クロスセクションデータ …………49	尺度 …………………………………45
群平均法 ……………………196, 202	主因子法 …………………………167
計量的多次元尺度法 ……………219	重回帰式 ……………………………63
決定係数 ………………15, 64, 79, 91	重回帰分析 ……………………16, 63
恒常性誤差 …………………………52	重心法 ……………………………202
光背効果 ……………………………52	重相関係数 ……………………64, 79
効用値 ……………………………104	従属変数 ……………………………19
後光効果 ……………………………52	重要度 ……………………………104
誤差変数 …………………………233	樹形図 ……………………………201
固有値 ……………………………162	主効果 ……………………………103
コレスポンデンス分析 …………189	順位相関係数 ………………………46
コンジョイントカード …………104	順序尺度 ………………………45, 47, 204
コンジョイント分析 ……………101	順序バイアス ………………………52
	水準 ………………………………104
さ	推定値 ………………………………91
最遠近法 …………………………202	数量化Ⅰ類 …………………………77
最近隣法 …………………………202	数量化Ⅱ類 …………………………133
最適化法 …………………………202	数量化Ⅲ類 …………………………179
最頻値 …………………………45, 53	スクリープロット ………………162
最尤推計法 …………………90, 146	ステップワイズ法 …………65, 120
最尤法 ………………………90, 146	ストレス …………………………219
三角関数変換 ………………………58	正準判別分析 ……………………119
散布図 …………………14, 54, 55	生存分析 ……………………………21
サンプルスコア …79, 133, 135, 180	正の寛大性 …………………………52
市街地距離 ………………………204	説明変数 …………16, 19, 91, 119, 146

線形回帰モデル	143
線形判別関数	118
線形モデル	102
潜在変数	21, 231
選択型コンジョイント分析	101, 103
相関行列	161
相関係数	15, 54
相関比	136
相互依存変数解析	18, 20, 23

た

対応分析	189
対比誤差	52
多項ロジスティック回帰分析	144
多次元尺度構成法	219
多次元尺度法	219
多重共線性	64
多変量解析	13, 16
ダミー変数	37, 119, 146
単純化	17
断面的データ	49
中央値	46, 53
中心傾向の誤差	52
直線距離	204
直交回転	163
直交表	103, 104
散らばり	44
定性的データ	45
定量的データ	46
適合度	219

点推定	90
デンドログラム	201, 206
同一サンプル方式	48
独自性	162
独立サンプル方式	48
独立変数	19, 64
度数	45, 53
度数分布	53

な

なりすまし	52

は

パス解析	232
パス図	233
外れ値	44
パネルデータ	48
ばらつき	44
ハロー効果	52
判別関数	118
判別関数の係数	119
判別境界線	120
判別境界点	136
判別的中率	120, 136
判別得点	117, 119, 133
判別分析	16, 117
ピアソンの相関	70
ピアソンの適合度検定	91
非階層的方法	202, 206
非計量的多次元尺度法	219

被説明変数	19, 63
標準化	64, 161
標準偏回帰係数	64
標準化判別関数の係数	119
標準得点	58
標準偏差	53
評定型コンジョイント分析	101
非類似度	204, 206
比例尺度	46, 47
頻数	45, 53
頻数Ⅲ類	189
負の寛大性	52
プロビット	89
プロビット分析	89
プロビット変換	37, 59, 89, 90
分散	53
分散共分散行列	119
分散分析	175
平均	53
平行性の検定	91
偏回帰係数	64, 238
偏差値	58
変数	13
変数減少法	65, 120
変数増加法	65, 120
変数増減法	65, 120
偏相関	79
変量	13
ボックスコックス変換	58

ま

マーケットバスケット分析	21
マハラノビスの汎距離	118, 205
マルチコリニアリティ	64
ミンコフスキー距離	205
名義尺度	45, 47, 204
メディアン法	202
目的変数	16, 19, 63, 91

や

| 有意確率 | 70 |
| ユークリッド距離 | 204 |

ら

離散データ	46
離散モデル	102
量的データ	46
類似性の指標	201, 203
類似度	204, 206
類似度評価データ	223
連続データ	46
ロジスティック回帰分析	143
ロジット変換	58, 143
論理的誤差	52

わ

| ワンショットデータ | 49 |

酒井　隆（さかい・たかし）
株式会社イクザス代表。1971年大阪市立大学文学部心理学科卒業後、株式会社市場調査社入社。社団法人社会開発統計研究所研究部長を経て、現職。2006年より大阪市立大学大学院工学研究科都市系専攻後期博士課程在籍。
著書：『図解ビジネス実務事典統計解析』『マーケティング・リサーチ・ハンドブック』『図解アンケート調査と統計解析がわかる本』（ともに日本能率協会マネジメントセンター）、『調査・リサーチ活動の進め方』『アンケート調査の進め方』（ともに日本経済新聞社）、『問巻設計、市場調査興統計分析実務入門』（博誌）、『上手なネットアンケートの方法』（中経出版）、『折込チラシ活用マニュアル』（PHP研究所）など。

酒井恵都子（さかい・えつこ）
株式会社イクザス取締役。1972年同志社大学文学部社会学科卒。株式会社市場調査社を経て現在にいたる。
論文：「にせものリサーチの解剖」（訳、ハーバード・ダイヤモンド・ライブラリー第1巻企業フィロソフィーの探求、ダイヤモンド社）。「健全で創造的な社会を目指した少子化対策」（少子化問題を考える、公共政策調査会等）。「よく生きるためのウェルネス事業の提案」（創業50年記念Benesse賞優秀論文）。
〈株式会社イクザスのホームページ〉
　http://www.ikuzasu.co.jp/

実務入門
マーケティングで使う多変量解析がわかる本

2007年2月15日　初版第1刷発行

著　者──酒井隆 ©2007　Takashi Sakai
　　　　　酒井恵都子 ©2007　Etsuko Sakai
発行者──野口晴巳
発行所──日本能率協会マネジメントセンター
〒105-8520　東京都港区東新橋1-9-2　汐留住友ビル24階
TEL（03）6253-8014（代表）
FAX（03）3572-3503（編集部）
http：//www.jmam.co.jp/

装　丁──岩泉卓屋
本文DTP──株式会社マッドハウス
印刷所──広研印刷株式会社
製本所──株式会社三森製本所

本書の内容の一部または全部を無断で複写複製（コピー）することは、法律で認められた場合を除き、著作権および出版者の権利の侵害となりますので、あらかじめ小社あて承諾を求めてください。

ISBN 978-4-8207-4419-1 C2034
落丁・乱丁はおとりかえします。
PRINTED IN JAPAN

JMAM 好評既刊図書

実務入門
図解 アンケート調査と統計解析がわかる本

酒井隆[著]

A5判288頁

アンケート調査の企画・実査・集計から統計解析の基本と多変量解析の実務までを、調査実務分野の第一人者の著者が初心者にもわかりやすく図解で説明した入門書。解析手法も豊富に紹介。

マーケティング・リサーチ・ハンドブック

酒井隆 [著]

A5判440頁

マーケティング・リサーチの考え方、各種サーベイ・リサーチ方法をはじめ、需要予測や多変量解析、データ収集、質的分析などを図解した、マーケティング・リサーチ能力を修得するための決定版。

読んで使える引いてわかる
図解ビジネス実務事典　統計解析

酒井隆[著]

四六判248頁

統計解析の手法や専門用語をコンパクトに図解した、事典形式の実務書。知りたいことがさっと引けるうえに、事例で解説しているので入門者にもわかりやすい。項目数は127。その他資料も添付。

読んで使える引いてわかる
図解ビジネス実務事典　マーケティングリサーチ

石井栄造[著]

四六判208頁

マーケティングリサーチ入門者にとってまずはじめにぶつかるのが専門用語の壁。リサーチ用語をわかりやすく理解しながら実務も修得できる事典。手元に1冊あると大変便利。

日本能率協会マネジメントセンター